세계인의 입맛을 사로잡은 자랑스런 우리 음식

한식의 미학

최은희·최수남·고승혜·한경순
이형근·김혜주·황현주 공 저

(주)백산출판사

머리말

정부가 한식의 세계화 등 우리 음식의 가치를 높이는 데 집중하고 있습니다. 참으로 반가운 일이 아닐 수 없습니다. 음식은 나라의 삶과 문화를 대표하는 상징으로 한식은 오랜 세월 우리 민족과 함께한 음식입니다. 해외에서 우리나라 음식을 보면 반가운 마음을 감출 수가 없습니다. 이처럼 음식은 한 나라를 소개하는 훌륭한 문화대사 역할을 하며 이는 곧 나라의 정체성과 연결됩니다. 최근 들어 외국의 유명 언론 등에서도 한식의 우수성과 가치를 인정하고 있습니다. 따라서 세계인들에게 우리의 맛과 멋, 문화의 다양성을 체험할 수 있는 기회를 제공하고, 한식의 장점을 살려 세계 속에 우리의 맛과 멋을 선보일 수 있는 계기를 만들어야 합니다.

우리나라는 봄, 여름, 가을, 겨울의 사계절이 뚜렷하고 농업이 발달하여 쌀과 잡곡의 생산이 다양하게 이루어져 이들을 이용한 많은 조리법이 개발되었습니다. 또한 국토의 三面이 바다로 이루어져 수산물이 풍부하므로 어류를 이용한 조리법이 발달되었고 장류, 김치류, 젓갈류 등의 발효식품 개발과 기타 식품의 저장기술도 일찍부터 이루어져 왔습니다. 이와 같이 우리나라 음식은 계절과 지역에 따른 특성을 잘 살렸으며, 조화된 맛을 중히 여기고 식품배합이 합리적으로 이루어져 있음을 알 수 있습니다.

그러나 지금은 서양의 음식문화가 들어오고 대가족제도에서 핵가족제도로 바뀌면서 식탁에서도 된장, 간장, 장아찌, 김치가 사라져 가고 있는 실정이며 아이들에게도 당뇨, 간염 등의 성인병이 나타나기 시작했습니다. 우리나라 전통 발효식품은 그 자체가 장수비법이며 슬기로운 조상들의 지혜가 담긴 건강식품

입니다. 우리의 옛 발효음식을 되살려 가장 한국적이고 자연적인 밥상으로 음식문화를 바꾼다면 우리의 성인병은 근원적으로 없앨 수 있습니다.

우리 전통음식은 예전에는 가정에서 할머니가 어머니에게 또 며느리나 딸에게 전해 주어 대대로 이어지는 음식솜씨였으나, 지금은 전문 교육기관이 생기고, 외식산업이 발달함에 따라 점차적으로 집에서 솜씨를 물려받는 기회가 적어져 우리의 고유음식 문화가 잊혀지고 있습니다.

본서에서는 잊혀져 가는 우리 음식에 대한 다양하고 정확한 정보를 제공하여 일반인은 물론 전문인에 이르기까지 유용하게 쓰일 수 있는 자료가 되도록 하였습니다. 이 책에 소개된 자료들은 그동안 호텔 등 현장이나 대학에서 연구하고 가르쳐 온 내용들입니다. 보완되어야 할 우리의 음식들은 계속 고쳐 나갈 것이며 계승되어야 할 음식들은 더 연구하여 세계화될 수 있도록 노력할 것을 약속드립니다.

끝으로 이 책이 나오기까지 많은 도움을 준 수원과학대학교 제자들에게 고마운 마음을 전하며, 출판을 허락해 주신 백산출판사 진욱상 사장님께도 깊은 감사를 드립니다.

저자 씀

Contents

이론편

한국의 식생활문화

korean - style food

1장
한국음식문화의 개요

1. 한국음식문화의 개요

우리나라는 유라시아대륙의 동북부에 위치한 반도국으로서 북쪽은 육로로 대륙과 연결되고, 3면은 바다로 산지가 전 국토의 70%를 차지하고 있다. 태백산맥과 함경산맥이 동쪽에 치우쳐 있고, 개마고원이 함경산맥의 북쪽으로 치우쳐 있어서 동쪽과 북쪽이 높고 남쪽은 낮다. 해안과 해류의 경우 동해안의 겨울철은 북한 한류가 남하하여 흐르고, 여름철에는 동한 한류가 북상하여 청진 부근까지 세력을 미친다. 근해의 수온은 동해안이 20℃ 정도이고 서해안이 23℃인데, 이런 환경에서 한류성 어족과 난류성 어족이 계절에 맞추어 회유하므로 좋은 어장을 이루고 있다.

또한 강우량, 온도, 일조율이 다면적 기후구를 이루고 있어 농업의 입지조건이 좋다. 우리나라는 사계절의 변화가 뚜렷하기 때문에 제철의 산출식품을 건조법, 염장법 등으로 저장하는 저장법이 발달했으며, 이로 인해 김치류, 장류, 젓갈류 등의 발효식품이 발달했다. 기후의 변화에 따라 식품 재료가 다양하게 생산되고, 반도국이므로 삼면의 바다에서 여러 종의 어패류가 산출된다. 또한 평야가 발달하여 쌀농사가 주산업이고 주식으로 쌀을 이용하기 때문에 이러한 곡물산업에 따른 부재료의 다양한 발전을 갖게 된 것이 우리의 음식문화이다.

특히 동해안, 서해안, 남해안과 같은 해안지역에서는 다양한 어패류들을 이용한 수산물 음식이 발달하였고 경북, 충청도와 같은 내륙지역에서는 논과 밭에서 나오는 작물을 이용한 음식이 많다. 강원도와 같은 산간지역에서는 산채류와 감자, 옥수수를 이용한 음식을 많이 만들어 먹었고 서울은 전국 각지에서 올라오는 해산물과 농산물을 이용한 다양한 음식을 만들어 먹는 문화가 형성되었다.

2. 한국음식문화의 형성

1) 신석기시대의 수렵과 농업

한반도에서 농업을 시작한 것은 신석기시대 이후로 추정된다. 그 이전의 시기에는 들짐승이나 산짐승, 조개류 등의 자연물이 식량의 대상이었다. 우리나라에서 농업이 시작된 것은 신석기 중기이고 처음에 식물생태의 관찰에 의해 열매 씨를 싹틔우고 파종하여 식생활이 안정되고 정착생활을 시작하였으며, 여자에 의해 발전된 농업의 형태를 이루었다. 일반적으로 원시농업이나 목축을 주로 하였으며, 신석기 중기경에 기장, 조, 피, 콩, 팥 등의 잡곡농사가 시작되었다. 신석기시대라는 개념은 일반적으로 원시농업이나 목축을 실시하여 식량생산 경제가 이루어졌던 배경에서 전개된 문화기를 가리킨다.

2) 철기시대 농경생활의 정착

기원전 4세기경에 철기문화가 전개되면서 농업도구가 철기로 바뀌었다. 삼한지역에서 철이 생산되었으므로 철기의 생산기술이 발달하면서 철제농구가 일찍 보급되어 농업 생산기술이 향상되고 농업이 번성하였다. 우리나라에서 보리농사가 시작된 삼한시기는 현재로서는 알 수 없으나 중국으로부터 전래된 것으로 보리의 원산지는 지중해 연안이며 기원전 1만여 년 전부터 보리와 밀의 야생종을 식용하다가 기원 7000여 년경부터 맥류를 본격적으로 재배하였다. 이것이 그리스를 거쳐 중앙아시아와 중국으로 전파되었다. 고기요리는 구워낸 맥적이 있었고, 시루에 찐 증숙요리에는 찐 밥, 떡, 고기와 어패류의 찜요리가 있었다. 또한 찬목법(鑽木法)을 이용해서 불을 지폈는데 이는 나무를 마찰시켜 불을 붙이는 발화법이다.

3) 한국 식생활구조의 성립기

고구려, 신라의 삼국을 거쳐 통일신라에 이르는 과정에서 한국의 주요 식량 생산 및 상용음식의 조리가공, 일상식의 기본양식, 주방의 설비와 식기 등 한국 식생활의 구조와 체계가 성립됐다. 삼국은 모두 중앙집권적인 귀족국가로서 왕권을 확립하고 농업을 기본 산업으로 해서 국력과 영토 확장을 해나갔다. 고구려는 중국의 동북부에 위치하여 농업의 발달, 벼농사의 도입, 철기문화의 수용 등 대륙의 선진문화를 일찍 받아들였다. 조와 콩을 많이 재배하였고 일찍부터 나라에서 가난하고 어려운 사람을 돕는 구휼제도가 있어 나라에서 보관하는 곡식인 관곡(官穀)을 무상 또는 유상으로 방출하였다.

백제는 본래 벼농사의 적지로 있던 마한을 배경으로 성립되었다. 즉 백제는 중기 경에 벼농사의 적지를 많이 점유했으므로 쌀의 주식화가 이루어졌다고 생각할 수 있다.

신라에서는 보리농사가 일반적이었다. 그러나 6세기에 벼농사 지역인 가야를 점령하고 벼농사의 적지를 점유하여 벼농사국이 되었다. 미곡이 증산되고 비축되는 사회환경에서 쌀밥은 부의 상징이 되어 주식이 일반화될 수 있었다.

일상생활의 모습으로 해석되는 고분벽화에 시루가 걸려 있다. 이런 모습은 그 당시에 시루가 주방의 기본 용구였음을 뜻하며 곡물음식도 찐 음식이 상용되었음을 알 수 있다.

곡물음식과 발효식품 및 기타 음식을 살펴볼 때 『삼국사기』에 의하면 떡과 밥은 제물로 쓰일 정도로 중요한 음식이었다. 발효식품으로 술, 기름, 장, 시(豉), 혜(醯), 포를 상용식품으로 비치하는 관습이 정착되었다. 그 밖에 구이, 찜, 나물과 같은 조리법이 사용되었으며 다른 것과 마찬가지로 차 역시 신라 27대 선덕여왕 때 중국으로부터 전래되었다.

4) 한국 식생활구조의 확립기

고려 이전에 형성되었던 일상식의 기본요소와 밥상차림으로 구성된 일상식의 양식은 고려에 와서 미곡의 증산과 숭불환경을 배경으로 한 것이다.

채소 재배가 발전함으로써 한국 김치의 전통이 확립되고, 병과류와 차가 발달하여 다과상차림의 규범이 성립된다. 또한 증류주법으로 양조법이 확대되었고 국가에서 정책적으로 만드는 공설주점(公設酒店)이 시작되었다.

또한 이 시대에는 떡의 조리기술도 발달하여 설기떡과 고려율고, 청애병 등이 발달하였다. 그리고 밀가루로 만든 상화와 국수가 성찬음식으로 쓰였다. 우리나라에서 차 마시는 풍습이 가장 성행했던 때는 고려시대인데 고려도 신라와 같이 궁중에 직제로써 '다방'을 두고 행사 때마다 '진다례'와 '다과상'에 대한 일을 담당하였다. 또한 차를 마실 수 있는 '다정'이 설치되고 차를 재배하는 '다촌'이 있었으며 중국의 송으로부터 고급차를 수입하기도 했다.

5) 한국 식생활문화의 정비기, 개화기의 서양음식

조선시대는 한국 식생활문화의 전통 정비기라 할 수 있다. 임진왜란을 전후한 시기에 도입된 고추, 호박과 같은 남방식품을 수용하여 재배에 성공함으로써 우리 음식문화 발전에 큰 동기를 이루게 한다. 한편 주거에 온돌이 보급되면서 조선 초기까지는 식사의 양식이 입식과 좌식으로 이원적이었던 것이 일원화되었다. 조선 중기에는 모내기의 실시로 유림문화가 신장되었으며 향토음식의 다양화를 가져왔다. 조선시대에는 농서도 간행되었는데 『농사직설』, 『금양잡록』, 『농가집성』 등이 전해진다. 과학 신장의 환경에서 식생활 양식의 합리화가 이루어졌는데 대표적인 반상차림으로 3첩반상, 5첩반상, 7첩반상, 9첩반상이 있다. 조선시대의 가정은 대가족제도였기에 여러 세대가 한집에 모여서 조석으로 한솥의 밥을 먹으면서 생활하였다. 또한 상용 식사 준비를 위해 장, 젓갈, 장아찌, 나물 말리기, 김장, 메주쑤기와 같은 연중행사를 어김없이 수행하였다.

개화기에 들어서면서 서양음식의 도입이 늘어났는데 이는 여러 나라와 수호조약을 맺으면서 이루어졌다. 조선왕조가 한·미 수호조약을 체결하면서 여러 가지 문물이 서울로 들어왔다. 고종이 독일계 여인인 손탁 여사를 위해 손탁호텔을 열도록 한 것이 서양요리가 본격적으로 도입되는 계기가 되었다. 그리하여 1890년에 최초로 궁중에 커피와 홍차가 소개되었다.

왕조 함락 이후 궁내부 주임관으로 있으면서 궁중요리를 하던 안순환이 1909년 종로구 세종로에 명월관을 개점하였고, 그 이후 종로구 인사동에 태화관, 남대문로에 식도원을 다시 내면서 궁중음식의 명맥을 이어 오고 있다.

3. 한국 전통음식의 특징

한국음식의 특징과 식생활제도상의 특징 및 풍속상의 특징을 살펴보면 다음과 같다.

1) 한국음식의 특징

① 곡물의 가공·조리법이 다양하게 발달하였다.

우리나라의 지형, 기후상의 특성은 농업국으로 발전하기에 적합하여 다양한 곡물을 산출하였고 그를 이용한 다양한 조리·가공법이 발달될 수 있었다. 따라서 곡물음식은 우리의 가장 보편적이고 중심적인 전래음식이 되었다.

② 발효식품이 다양하게 개발되어 발달하였다.

고대에 우리의 영토였던 만주벌판이 콩의 원산지였으므로 일찍이 대두문화권을 형성하여 대두의 생산이 많았으며 대두를 이용한 된장, 간장 등의 발효식품이 개발되어 이용되고 있다. 또한 콩을 이용한 다양한 음식도 개발되어 이용되고 있다.

③ 주식과 부식이 분리형의 일상식으로 구분되었다.

고대로부터 국가적으로 중농정책을 시행하였으므로 곡물 음식의 상용화가 이루어져 곡물음식을 주식으로 하고 기타 여러 가지 재료로 만든 음식을 반찬으로 하여 먹는 주식·부식 분리형의 식생활이 형성되었다.

④ 육류의 부위별 활용 및 조미법이 발달되었다.

고대부터 수렵을 숭상하여 고사행의, 무속행의, 가례제향 시에 육류음식을 제물의 으뜸으로 여겼으나 육류 급원에 한계가 있었으므로 동물의 모든 부위를 조리에 활용하는 기술과 그에 따른 조미법의 특수성 등 육류의 조리솜씨가 발달되었다.

⑤ 음식의 맛이 다양하고 다양한 향신료를 사용한다.

간장, 설탕, 파, 마늘, 깨소금, 후춧가루, 참기름, 고춧가루 등의 향신료를 이용하여 식품 재료와 조미료가 복합적으로 어우러진 맛 등 다양한 맛의 음식을 조리한다.

⑥ 음식에 약식동원(藥食同源)의 개념이 들어 있다.

한국음식의 재료나 향신료의 쓰임새는 '먹는 음식은 몸에 약이 된다'라는 약식동원의 사상에서 비롯되었다. 일상의 음식에 한약재로 쓰이는 재료들이 흔히 사용되는데, 예로써 꿀, 계피, 잣, 인삼, 도라지, 쑥, 생강, 대추, 밤, 오미자, 구기자, 당귀 등을 들 수 있다. 그리고 음식 중에 약과, 약식, 약주 등 약(藥)자가 쓰인 경우도 많다. 이러한 것들은 평소의 식생활이 건강 유지에 매우 중요힘을 인식한 결과라고 볼 수 있다.

⑦ 시식 및 절식 풍습이 발달하였다.

계절의 변화가 뚜렷하여 계절의 산출 식품으로 명절이나 절기에 시식과 절식을 마련하여 친척이나 이웃과 나누어 먹고 풍류를 즐기는 풍습이 있었다.

⑧ 상차림과 식사 예법에 유교의 영향을 받았다.

조선시대의 유교사상은 의례를 중히 여겼으므로 상차림에도 영향을 미쳐 통과의례인 돌, 혼례, 회갑, 상례, 제례 등의 행사에는 반드시 음식을 준비하였고 상에 차리는 음식의 종류와 격식도 정해진 대로 이루어졌다. 일상의 밥상차림은 1인분씩 차리는 외상차림을 기본으로 하였고 상 차리기, 상 올리기 등 식사 예법에 엄격한 격식이 있었다.

2) 식생활제도상의 특징

① 대가족 중심의 가정에서 어른을 중심으로 모두가 독상이었다. 따라서 그릇과 밥상은 1인용으로 발달해 왔다.

② 음식은 처음부터 상 위에 전부 차려져 나오는 것을 원칙으로 했다. 이는 3첩, 5첩, 7첩, 9첩, 12첩 등 반상차림이라는 독특한 형식을 낳게 했다.

③ 식사의 분량이 그릇 중심이었다. 즉 상을 받는 사람의 식사량에 기준을 두는 것이 아니라 그릇을 채우는 것이 기준이었으므로 음식을 남기는 경우가 많다.

④ 식후에는 꼭 숭늉을 마셨다.

3) 풍속상의 특징

① 식생활에 풍류가 있으며 그 예로써 절기음식 등에서 공동의식의 풍속과 풍류성이 발달하였다.

② 의례를 중히 여겼다. 조화된 맛을 중요하게 여겼으므로 조미료, 향신료의 사용이 다양하고 조리 시 손이 많이 간다.

4. 한국음식의 분류

한국음식을 조리법에 따라 분류하면 다음과 같다.

1) 주식류

(1) 밥

밥은 한자어로 반(飯)이라 하고, 일반 어른에게는 진지, 왕이나 왕비는 수라, 제사에는 메 또는 젯메라 각각 지칭한다. 흰밥, 오곡밥, 잡곡밥, 채소밥, 비빔밥, 팥밥, 콩밥 등 쌀 이외의 재료에 따라 이름 지어진 많은 종류의 밥이 있다.

(2) 죽 · 미음 · 응이

모두 곡물로 만든 유동식 음식이며, 죽은 이른 아침에 내는 초조반이나 보양식, 병인식, 별식으로 많이 쓰인다.

종 류	특 성
죽	쌀 분량의 5~6배의 물을 사용 • 옹근죽: 쌀알을 그대로 쑤는 것 • 원미죽: 쌀알을 굵게 갈아 쑤는 것 • 무리죽: 쌀알을 곱게 갈아 쑤는 것 • 암죽: 곡물을 말려서 가루로 만들어 물을 넣고 끓인 것 　예) 떡암죽, 밤암죽, 쌀암죽
미음	곡물 분량의 10배가량의 물을 붓고 낟알이 푹 물러 퍼질 때까지 끓인 다음 체에 밭쳐 국물만 마시는 음식
응이	곡물을 갈아 앙금을 얻어서 이것으로 쑨 것. '의이'라고도 함 예) 율무응이, 연근응이, 수수응이

(3) 국수

온면, 냉면, 칼국수, 비빔국수 등이 있다. 대개는 점심에 많이 차려지며 생일, 결혼, 회갑, 장례 등에 손님 접대용으로도 차린다.

　① 평양냉면(물냉면)

　　메밀가루에 녹말을 약간 섞어 국수를 만든 뒤 잘 익은 동치미 국물과 육수를 합한 물에 말아 먹어야 제맛을 음미할 수 있고, 겨울철에 먹어야 완전한 제맛을 느낄 수 있다.

② 함흥냉면(비빔냉면, 회냉면)

함경도 지방에서 생산되는 감자녹말로 국수를 만들어 면발이 쇠 힘줄보다 질기고 오들오들 씹히는데 생선회나 고기를 고명으로 얹어 맵게 비벼 먹는다.

(4) 만두와 떡국

떡국은 겨울철 음식으로 정월 초하루에 먹는 절식이다. 북쪽지방에서는 정초에 떡국 대신 만두를 즐겨 먹기도 한다. 흰 가래떡을 납작하게 썰어 장국에 넣어 끓이는데 지방에 따라 모양을 달리 내기도 한다. 만두의 종류로는 모양에 따라 궁중의 병시, 편수, 규아상 등이 있고 밀가루, 메밀가루 등으로 껍질을 반죽한다.

만두의 종류	특 성
병시(餠匙)	수저모양과 같다 하여 병시라 하는데 소를 넣고 둥글게 빚어 주름을 잡지 않고 반으로 접어 반달 모양으로 빚고 장국에 넣어 끓인 것
편수(片水)	껍질을 모나게 빚어 소를 넣어 네 귀가 나도록 싸서 찐 여름철 만두
규아상(=미만두)	해삼모양으로 빚어 담쟁이 잎을 깔고 찐 것
어만두	생선을 얇게 저며 소를 넣어 만두모양으로 만들어 녹말을 묻혀 찌거나 삶아 건진 것
준치만두	고기와 준치살을 섞어 만두 크기로 빚어 녹말가루를 묻혀 찐 것

2) 부식(찬품)류

(1) 국(탕)

국은 갱(羹), 학(鶴), 탕(湯)으로 표기(한자음)되어 1800년대의 『시의전서』에 처음으로 '생치국'이라 하여 국이라는 표현이 나온다.

국은 맑은국, 토장국, 곰국, 냉국으로 나뉜다. 국의 재료로는 채소류, 수조육류, 어패류, 버섯류, 해조류 등 어느 것이나 사용된다. 맑은장국은 소금이나 청장으로 간을 맞추어 국물을 맑게 끓인 국이고, 토장국은 된장·고추장으로 간을 한 국, 곰국은 재료를 맹물에 푹 고아서 소금, 후춧가루로만 간을 한 곰탕, 설렁탕과 같은 것을 말한다. 냉국은 더운 여름철에 오이·미역·다시마·우무 등을 재료로 하여 약간 신맛을 내면서 차갑게 만들어 먹는 음식으로 산뜻하게 입맛을 돋우는 효과가 있다.

(2) 찌개(조치) · 지짐이 · 감정

찌개는 조미재료에 따라 된장찌개, 고추장찌개, 맑은 찌개로 나뉘며 찌개와 마찬가지이나 국물을 많이 하는 것을 지짐이라고도 한다. 조치라 함은 보통 우리가 찌개라 부르는 것을 궁중에서 불렀던 이름인데 찌개는 국과 거의 비슷한 조리법으로 국보다 국물이 적고 건더기가 많으며 짠 것이 특징이다. 오늘날 우리나라 요리에서 조치란 찌개의 궁중 용어에 지나지 않는다는 것이 상식이다. 또한 7첩 반상 이상의 상차림에서는 조치를 맑은 조치와 토장 조치의 두 가지로 차리기도 한다. 찌개보다 국물이 많은 것을 지짐이라 했다. 고추장찌개는 '감정'이라고도 하는데, 감정은 고추장과 약간의 설탕을 넣어 끓이는 것을 말한다.

(3) 전골

전골이란 육류와 채소에 밑간을 하고 담백하게 간을 한 맑은 육수를 국물로 하여 전골틀에서 끓여 먹는 음식이다. 육류, 해물 등을 전유어로 하고 여러 채소들을 그대로 색을 맞추어 육류와 가지런히 담아 끓이기도 한다.

근래에는 전골의 의미가 바뀌어 여러 가지 재료에 국물을 넉넉히 붓고 즉석에서 끓이는 찌개를 전골인 것처럼 혼동하여 쓰고 있다. 전골은 반상이나 주안상에 차려진다. 전골을 더욱 풍미 있게 한 것으로 신선로(열구자탕)가 있고 교자상, 면상 등에 차려진다.

(4) 찜 · 선

찜은 여러 가지 재료를 양념하여 국물과 함께 오래 끓여 익히거나 증기로 쪄서 익히는 음식이다. 대체로 육류의 찜은 끓여서 익히고 어패류의 찜은 증기로 쪄서 익힌다. 찜은 그 조리법이 분명하게 구별되지 않아서 달걀찜이나 어선처럼 김을 올려서 수증기로 찌는 것이 있는가 하면 닭찜이나 갈비찜처럼 국물을 자작하게 부어 뭉근하게 조리는 마치 조림과 비슷한 형태의 찜도 있다. 선(膳)이란 특별한 조리의 의미는 없고 좋은 음식을 나타내는 말이다. 선이 붙은 음식은 대개가 호박, 오이, 가지 등의 식물성 재료에 다진 쇠고기 등의 부재료를 소로 채워 장국을 부어서 익힌 음식이 많은데 오이선, 호박선, 가지선, 어선, 두부선이 있다. 때에 따라 녹말을 묻혀서 찌거나 볶아서 초장을 찍어 먹기도 한다. 맛과 색이 산뜻하여 전채요리로 많이 이용된다.

(5) 전 · 적

전은 기름을 두르고 지지는 조리법으로 전유어·전유아·저냐·전야 등으로 부르기도 한다. 궁중에서는 전유화라 하였고 제사에 쓰이는 전유어를 간남·간납·갈랍이라고도 한다. 지짐은 빈대떡·파전처럼 재료들을 밀가루 푼 것에 섞어서 기름에 지져내는 음식이다. 적은 육류와 채소·버섯을 양념하여 꼬치에 꿰어 구운 것을 일컫는데 '산적'은 익히지 않은 재료를 꼬치에 꿰어 지지거나 구운 것이고 '누름적'은 재료를 양념하여 익힌 다음 꼬치에 꿴 것과 재료를 꿰어 전을 부치듯 옷을 입혀서 지진 것의 두 가지가 있다.

(6) 구이

구이는 특별한 기구 없이 할 수 있는 조리법이며 구이를 할 때 재료를 미리 양념장에 재워 간이 밴 후에 굽는 법과 미리 소금 간을 하였다가 기름장을 바르면서 굽는 방법이 있다.

식품을 직접 불에 굽는 것 또는 열 공기층에서 고온으로 가열하면 내면에 열이 오르는 동시에 표면이 적당히 타서 특유한 향미를 가지게 된다. 구이는 풍미를 즐기는 고온 요리이다. 조리상 중요한 것은 불의 온도와 굽는 정도이다. 식품이 갖고 있는 이상의 풍미를 내기 위한 여러 가지 구이 방법이 있다.

(7) 조림 · 초

조림은 주로 반상에 오르는 찬품으로 육류, 어패류, 채소류로 만든다. 궁중에서는 조림을 조리게, 조리니라고 하였다. 오래 저장하면선 먹을 것은 간을 약간 세게 한다. 조림 요리는 어패류, 우육 등의 간장, 기름 등을 넣어 즙액이 거의 없도록 간간하게 익힌 요리이며, 밥반찬으로 널리 상용되는 것이다. 초는 볶는 조리의 총칭이다. 초(炒)는 한자로 볶는다는 뜻이 있으나 우리나라의 조리법에서는 조림처럼 끓이다가 국물이 조금 남았을 때 녹말을 풀어 넣어 국물이 걸쭉하여 전체가 고루 윤이 나게 조리는 조리법이다. 초는 대체로 조림보다 간을 약하고 달게 하며 재료로는 홍합과 전복이 가장 많이 쓰인다.

(8) 생채 · 숙채

생채는 계절마다 새로 나오는 싱싱한 채소를 익히지 않고 초장·초고추장·겨자장 등으로 무쳐 달고 새콤하고 산뜻한 맛이 나도록 조리한 것이다.

숙채는 대부분의 채소를 재료로 쓰며 푸른 잎채소들은 끓는 물에 데쳐서 갖은 양념으로 무치고, 고사리·고비·도라지는 삶아서 양념하여 볶는다. 말린 채소류는 불렸다가 삶아 볶는다. 구절판·잡채·탕평채·죽순채 등도 숙채에 속한다.

(9) 회·숙회

신선한 육류, 어패류를 날로 먹는 음식을 회라 하며 육회·갑회·생선회 등이 있다. 어패류·채소 등을 익혀서 초간장·초고추장·겨자장 등에 찍어 먹는 음식을 숙회라 하며 어채·오징어숙회·강회 등이 있다.

(10) 장아찌·장과

장아찌는 채소가 많은 철에 간장·고추장·된장 등에 넣어 저장하여 두었다가 그 재료가 귀한 철에 먹는 찬품으로 '장과'라고도 한다. 마늘장아찌·더덕장아찌·마늘종·깻잎장아찌·무장아찌 등이 있다. 장과 중에는 갑장과와 숙장과가 있다. 갑장과는 장류에 담그지 않고 급하게 만든 장아찌라는 의미이며, 숙장과는 익힌 장아찌라는 의미로 오이숙장과·무갑장과 등이 있다.

(11) 편육·족편·묵

편육은 쇠고기나 돼지고기를 덩어리째로 삶아 익혀 베보자기에 싸서 무거운 것으로 눌러 단단하게 한 후 얇게 썰어 양념장이나 새우젓국을 찍어 먹는 음식이다.

족편이란 육류의 질긴 부위인 쇠족과 사태·힘줄·껍질 등을 오래 끓여 젤라틴 성분이 녹아 죽처럼 된 것을 네모진 그릇에 부어 굳힌 다음 얇게 썬 것을 말한다. 조선시대의 궁중에서 족편과 비슷한 전약이라 하여 쇠족에 정향, 생강, 후춧가루, 계피 등의 한약재를 한데 넣고 고아서 굳힌 음식으로 보양식을 만들었으나 지금은 거의 없어진 음식이다. 묵은 전분을 풀처럼 쑤어 응고시킨 것으로 청포묵·메밀묵·도토리묵 등이 있다.

(12) 포

포에는 육포와 어포가 있다. 육포는 주로 쇠고기를 간장으로 조미하여 말리고 어포는 생선을 통째로 말리거나 살을 포로 떠서 소금으로 조미하여 말린다. 쇠고기로 만든 포에는 육포·편포·대추포·칠보편포 등이 있고 최고급 술안주나 폐백음식으로 쓰인다. 어포에는 민어·대구·명태·오징어 등이 쓰인다.

(13) 튀각 · 부각 · 자반

튀각은 다시마·참죽나무 잎·호두 등을 기름에 바싹 튀긴 것이고, 부각은 재료를 그대로 말리거나 풀칠을 하여 바싹 말렸다가 필요할 때 튀겨서 먹는 밑반찬이다. 부각의 재료로는 감자·고추·김·깻잎·참죽나무 잎 등을 많이 쓴다. 자반은 고등어자반·준치자반·암치자반처럼 생선을 소금에 절이거나 채소 또는 해산물에 간장 또는 찹쌀풀을 발라 말려서 튀기는 등 짭짤하게 만든 밑반찬을 이르는 말로 좌반(佐飯)이라고도 한다.

(14) 김치

채소류를 절여서 발효시킨 저장음식으로 배추·무 외에도 그 지역에서 제철에 많이 나는 채소 등으로 만든다. 김치 담그기를 '염지'라 하여 '지'라고 부르게 되었으며 상고시대에는 김치를 '저(菹)'라는 한자어로 표기하였다. 『삼국유사』에는 김치 젓갈무리인 '저해(菹醢)'가 기록되어 있으며 『고려사』, 『고려사절요』에서는 저(菹)를 찾아볼 수 있다. '저(菹)'란 날 채소를 소금에 절여 차가운 데 두고 숙성시킨 김치무리를 말한다.

(15) 젓갈 · 식해

젓갈은 어패류를 소금에 절여서 염장하여 만드는 저장식품이다. 새우젓·멸치젓 등은 주로 김치의 부재료로 쓰이고 명란젓·오징어젓·창란젓·어리굴젓·조개젓 등은 반찬으로 이용된다. 식해는 어패류에 엿기름 익힌 곡물을 섞고 고춧가루·파·마늘·소금 등으로 조미하여 저장해 두고 먹는 음식이다. 가자미식해·도루묵식해·연안식해 등이 있다.

(16) 떡

떡은 만드는 방법에 따라 찐 떡·친 떡·빚는 떡·지지는 떡 등으로 분류된다.

분류	내용
찐 떡	곡물을 가루로 하여 시루에서 쪄내는 떡으로 설기떡과 켜떡으로 구분된다. 설기떡은 무리떡이라고도 하며 백설기·콩설기·쑥설기·밤설기·잡과병·당귀병 등이 있다. 켜떡은 편이라고도 하며 켜켜이 고물을 넣고 찐 떡으로 붉은팥 시루편, 색편, 두텁떡, 물호박떡 등이 있다.
친 떡	찹쌀이나 멥쌀가루를 쪄낸 후 절구나 안반에서 매우 쳐서 끈기가 나게 한 떡으로 인절미, 절편, 흰떡, 개피떡 등이 있다.
빚는 떡	찹쌀가루나 멥쌀가루를 익반죽하여 모양을 빚은 후 찌거나 삶아서 만드는 떡으로 경단, 송편, 단자 등이 이에 속한다.
지지는 떡	찹쌀이나 찰곡식의 가루를 익반죽하여 모양을 빚은 후 기름에 지져내는 떡으로 화전, 주악, 부꾸미가 있다.

(17) 한과

한과는 쌀이나 밀 등 곡물가루에 꿀, 엿, 설탕 등을 넣고 반죽하여 기름에 튀기거나, 과일, 열매, 식물의 뿌리 등을 꿀로 조리거나 버무린 뒤 굳혀서 만든 과자이다. 종류로는 유과, 유밀과, 숙실과, 과편, 다식, 정과, 엿강정 등이 있다.

분류	내용
유밀과 (油蜜果)	밀가루를 주재료로 하여 기름과 꿀을 부재료로 섞고 반죽해서 여러 가지 모양으로 빚어 기름에 지진 과자를 일컫는다. 유밀과는 한과 중 가장 대표적인 과자로 흔히 약과라고 하며 모약과, 다식과, 만두과, 연약과, 매작과, 차수과 등이 있다.
유과 (油果)	삭힌 찹쌀가루를 쪄낸 후 절구나 안반에서 매우 쳐서 모양내어 말린 후 기름에 튀겨 꿀이나 조청을 바르고 튀밥·깨를 묻힌 과자이다.
다식류 (茶食類)	볶은 곡식의 가루나 송홧가루를 꿀로 반죽하여 다식판에 넣어 찍어낸 것이다. 다식은 원재료의 고유한 맛과 결착제로 쓰이는 꿀의 단맛이 잘 조화된 것이 특징이다.

정과류 (正果類)	비교적 수분이 적은 식물의 뿌리나 줄기, 열매를 살짝 데쳐 설탕물이나 꿀, 또는 조청에 조린 것으로 전과(煎果)라고도 한다. 달콤하면서 쫄깃한 정과류에는 연근정과, 생강정과, 행인정과, 동아정과, 수삼정과, 모과정과, 무정과, 귤정과 등이 있다.
과편류 (果片類)	과실이나 열매를 삶아 거른 즙에 녹말가루를 섞거나 설탕, 꿀을 넣고 조려 엉기게 한 다음 썬 것으로 젤리와 비슷한 과자이다. 재료별로 앵두편, 복분자편, 모과편, 산사편, 살구편, 오미자편 등이 있다.
엿강정류	여러 가지 곡식이나 견과류를 조청 또는 엿물에 버무려 서로 엉기게 한 뒤 반대기를 지어서 약간 굳었을 때 썬 과자이다.
엿류	쌀, 보리, 옥수수, 수수, 고구마 등의 곡물을 가루 내어 얻은 녹말에 보리를 싹 틔워 만든 엿기름을 넣고 당화시켜 조청이 된 것을 더 고아서 만든 당과(糖果)이다.

(18) 화채 · 차

화채란 계절의 과일을 얇게 저며서 설탕이나 꿀에 재웠다가 끓여 식힌 물이나 오미자즙을 부어 차게 하여 먹는 음료이다. 화채의 종류로는 각종 과일화채, 수정과, 배숙, 식혜, 수단, 원소병, 제호탕 등이 있다.

차란 제철의 과일을 꿀에 재워 청(맑은 즙)을 만들어두거나 약재를 갈아 꿀에 재워두거나 약재를 말려 보관해 두고 수시로 달여서 뜨겁게 마시는 음료이다. 종류로는 유자차 · 모과차 · 꿀차 · 생강차 · 계피차 · 인삼차 · 구기자차 · 봉수탕 · 여지장 등이 있다.

2장
양념 및 고명류

1. 양념

조미료를 우리말로는 양념(藥念)이라 하여 먹어서 몸에 약처럼 이롭도록 여러 가지를 고루 넣는다는 뜻이다.

1) 간장

육류 섭취가 부족했던 우리나라 식생활에서 간장은 단백질 공급원으로 우수한 조미료이다. 간장의 '간'은 소금의 짠맛을 나타내고, 된장의 '된'은 되직한 것을 뜻한다. 재래식으로는 늦가을에 흰콩을 무르게 삶고 네모지게 메주를 빚어, 따뜻한 곳에 곰팡이를 충분히 띄워서 말려두었다가 음력 정월 이후 소금물에 넣어 장을 담근다. 장맛이 충분히 우러나면 국물만 모아 간장 물로 쓰고, 건지는 모아 소금으로 간을 하여 따로 항아리에 꼭꼭 눌러서 된장으로 쓴다.

간장은 음식 맛을 좌우하는 기초적인 조미료이며 주성분은 아미노산·당분·염분으로 숙성과정에서 아미노산과 기타 성분의 조화가 잘 이루어지면 맛이 좋은 간장이 된다. 음식에 따라 간장의 종류를 구별해서 써야 한다. 국, 찌개, 나물 등에는 색이 옅은 국간장(청장)을 쓰고 조림, 포, 초 등의 조리와 육류의 양념에는 진간장을 쓴다. 전유어, 만두, 편수 등에는 초간장을 곁들여 낸다.

2) 된장

종래에는 간장을 뺀 나머지로 된장을 만든 것이 있고 메주를 소금물에 담가 만든 것이 있다. 된장은 짜지 않고 색이 노랗고 부드럽게 잘 삭은 것이 좋다. 주로 토장국, 된장찌개, 쌈장, 장떡의 재료로 쓰인다. 근래에는 공업적으로 된장을 많이 만드는데, 콩과 밀을 섞어 발효시켜서 만든다. 된장은 메주를 소금물에 담가 간장을 빼고 남은 재래식 된장이 가장 대표적이고, 지방이나 철에 따라 여러 가지를 만든다.

3) 고추장

찹쌀고추장, 보리고추장, 밀고추장 등이 있으며 볼품이나 감칠맛은 찹쌀고추장이 좋고, 보리고추장은 구수한 맛이 있다. 고추장은 먹으면 개운하고 독특한 자극을 준다. 그 맛은 한국음식만이 가지고 있는 고유한 맛이라고 할 수 있다. 달고 짜고 매운 세 가지 맛이 적절히 어울려서 맛을 내는 것이다. 고추장은 세계 어느 곳에서도 유사한 것을 찾아볼 수 없는 우리만이 갖고 있는 고유한 발효식품이다.

4) 소금

소금은 짠맛을 내는 기본 조미료이며 한문으로는 식염(食鹽)이라고 한다. 소금은 음식 맛을 내는 기본 조미료로, 소금의 종류는 제조방법에 따라 호렴, 재염, 제재염, 맛소금 등으로 나눌 수 있다. 호렴은 입자가 굵어 모래알처럼 크고 색이 약간 검다. 대개 장을 담그거나 채소나 생선의 절임용으로 쓰인다. 재염은 호렴에서 불순물을 제거한 것으로 제재염보다는 거칠고 굵으며, 간장이나 채소, 생선의 절임용으로 쓰인다. 제재염은 보통 꽃소금이라 불리는 희고 입자가 굵은 소금으로 가정에서 가장 많이 쓰인다. 맛소금은 소금에 글루탐산나트륨 등 화학조미료를 약 1% 정도 첨가한 것으로 식탁용으로 쓰인다.

5) 식초

차가운 음식, 생채, 겨자채, 냉국 등에 신맛을 내기 위해 쓰이며 초간장, 초고추장 만드는 데 쓰인다. 종류에는 양조식초와 합성식초가 있으며 양조식초는 포도주식초, 엿기름식초, 능금식초와 같이 국물이나 과실을 원료로 하여 발효시켜 만든 것으로 향기와 단맛·신맛이 부드러우며 합성식초는 빙초산을 3~5%로 물에 타서 만든 것으로 신맛이 자극적이고 단맛과 향기는 거의 없다. 식초는 음식의 풍미를 더하여 식욕을 증진시키고 상쾌함을 주며, 음식 전체의 색을 선명하게 해주고, 생선의 비린내를 없애준다.

6) 깨소금

깨끗하게 씻어서 일어 건지고, 물기를 뺀 다음 팬이나 냄비에 볶는다. 이때 고르게 볶으려면 한꺼번에 많은 양을 볶지 말고, 밑에 깔릴 정도로 놓고 볶아야 한다. 깨알이 팽창되고 손끝으로 으깨어 잘 으깨지면 뜨거울 때 소금을 조금 섞어 적당하게 빻는다. 너무 곱게 빻으면 음식에 볼품이 없어진다. 준비된 깨소금은 밀봉되는 양념 그릇에 넣어 향기가 가시지 않도록 한다.

7) 고춧가루

고추는 색이 곱고 껍질이 두터우며 윤기 있는 것으로 고른다. 우리나라에서 나는 것으로는 경북 영양(英陽)에서 재배되는 영양초가 가장 좋고, 호고추는 색도 짙고 두터우나 자극성이 적고 음식에 넣었을 때 영양초에 비하여 색이 선명하지 못하므로 음식 종류에 따라 적당한 것을 고른다. 마른 고추에는 비타민 A가 특히 많은데, 이것은 비타민 A의 모체인 카로틴이라는 형태로 들어 있다. 또한 비타민 C의 함량이 많은 것이 특징이라고 할 수 있다.

고추의 빨간 빛깔은 캡산틴(capsanthin)이라는 성분이고 매운맛은 캡사이신이라는 성분 때문인데 0.2~0.4%밖에 안 되는 데도 매운맛을 강하게 낸다. 고추의 매운맛은 입안의 혀를 자극하는 특징이 있다. 김치를 담그는 데 한국 고추가 좋다고 하는 것은, 단맛과 매운맛의 조화가 잘 이루어졌기 때문이다.

8) 후춧가루

후춧가루는 맵고 향기로운 특이한 풍미가 있어서 조미료나 향신료, 구풍제, 건위제 등에 널리 사용되고 있다. 후춧가루는 빻아서 병에 넣어 봉해 두고 사용한다. 향기와 자극성이 강해 누린내나 비린내를 제거해 주고 그 특유의 자극성으로 식욕을 돋워준다. 종류에 따라 검은 후춧가루, 흰 후춧가루, 통후추 등으로 구별하며 검은 후춧가루는 육류와 색이 진한 음식의 조미에, 흰 후춧가루는 흰살 생선이나 채소류, 색이 연한 음식의 조미에 적당하다.

9) 겨자

겨자는 황갈색의 맵고 향기로운 맛이 있어 양념과 약재로 쓰이고 있다. 겨자의 매운 성분 중 가장 중요한 것은 알킬이소시아네이트(alkylisocyanate)라는 물질이다. 이 성분은 겨자씨 안에 들어 있는 시니그린 성분과 시날빈과 같은 유황 배당체에 미로시나아제(myrosinase)라는 효소가 작용해서 만들어지는 것이다. 겨자는 갓 씨앗을 갈아 가루로 만든 것을 사용하는데 많이 개어야 매운 성분이 우러나고 또 따뜻하게 해야 매운 성분이 빨리 분해된다.

> **겨자 개는 법**
>
> 겨잣가루와 따뜻한 물을 1:2의 비율로 넣고 오랫동안 잘 갠다. 이때 보얗게 되면 뚜껑을 닫고 따뜻한 곳(40℃ 정도)에 20~30분간 놓아두면 매운 자극성이 잘 풍기게 된다(자극성분의 발산을 방지하기 위하여 따뜻한 곳에 엎어두기도 함). 사용할 때도 여기에 식초, 설탕과 필요에 따라서는 닭국물, 잣즙과 같은 맛있는 국물을 섞어서 쓴다. 고운 즙으로 써야 할 경우 면포에 밭치면 된다.

10) 계핏가루

계수나무의 껍질을 말린 것으로 두껍고 큰 것은 육계라 하며, 작은 나뭇가지를 계지라 한다. 주성분은 알데히드(aldehyde)에 속하는데, 육계는 계핏가루로 만들어서 떡류나 한 과류, 숙실과 등에 많이 쓰인다. 통계피와 계지는 물을 붓고 달여서 수정과의 국물이나 계피차로 쓴다. 육계(肉桂)를 빻아서 가루로 한 것은 일반적인 요리에는 많이 사용되지 않으나 편류, 유과류, 전과류, 강정류에 많이 쓰인다. 잘 봉해 놓고 습기 없는 곳에 보관한다.

11) 파, 마늘

파, 마늘을 양념으로 사용할 때에는 채로 썰거나 다져서 쓴다. 파, 마늘의 자극성분이 고기류, 생선요리의 누린내, 비린내, 채소류의 풋내를 가시게 하므로 우리나라 요리에는 거의 빠지지 않고 쓰인다. 흰 부분은 다져서 이용하고, 푸른 부분은 자극이 강하고 쓴맛이 많으므로 다져 쓰기에는 적당치 않다. 마늘은 나물, 김치, 양념장 등에는 곱게 다져서 쓰고, 동치미, 나박김치에는 채썰거나 납작하게 썰어 넣는다. 고명으로 쓸 때는 채썰어서 사용한다.

12) 설탕

우리나라는 고려시대에 들어왔으며 귀해서 일반에서는 널리 쓰이지 못하였다. 예전에는 꿀과 조청이 감미료로 많이 쓰였다.

13) 꿀

옛날부터 꿀이 건강과 미용에 효과가 있다는 것은 비타민군이 특히 많고, 피부가 거칠어지는 것을 방지하는 효과를 기대할 수 있기 때문이다.

14) 조청

조청은 곡류를 엿기름으로 당화시켜 오래 고아서 걸쭉하게 만든 묽은 엿으로 누런색이 나오고 독특한 엿의 향이 남아 있다. 따라서 한과류와 밑반찬용의 조림에 많이 쓰인다. 한편 엿은 조청을 더 오래 고아 되직한 것을 식히면 딱딱하게 굳는다. 엿은 간식이나 기호품으로 즐기기도 하지만 음식에서는 조미료로써 단맛을 내면서 윤기도 낸다.

15) 생강

생강은 쓴맛과 매운맛을 내며 강한 향을 가지고 있어, 어패류나 육류의 비린내를 없애준다. 또한 생강은 식욕을 증진시키고 몸을 따뜻하게 하는 작용이 있어, 한약재료로도 많이 쓰인다.

16) 참기름

참기름은 불포화지방산이 많고 발연점이 낮아 튀김기름으로 쓰지 않으며, 나물은 물론 고기양념 등에 향을 내기 위해 거의 모든 음식에 쓰인다. 참기름은 무침 같은 나물요리에는 필수로 넣으며 가열요리에는 마지막에 넣어야 향을 살릴 수 있다. 고기나 생선으로 포를 떠서 말릴 때 양념으로 참기름을 넣으면 건조과정에서 유지가 산패되어 좋지 않은 냄새가 난다. 따라서 이럴 때에는 먹기 직전에 기름을 발라 구워 먹는다.

17) 들기름

들깨는 우리나라, 중국, 일본, 이집트 등지에서 재배되어 왔으며, 들깻잎은 장아찌나 쌈으로 많이 이용되고 있다. 영양가가 매우 우수할 뿐만 아니라 독특한 향미가 있어, 그 개운한 맛을 좋아하는 사람들이 많다. 들기름은 들깨를 볶아서 짠 것으로, 참기름과는 다른 고소하고 독특한 냄새가 나는데 누구나 좋아하는 향이 아니라 널리 쓰이지는 않으나, 김에 발라 굽거나 나물에 넣어 먹는다.

2. 고명

'웃기' 또는 '꾸미'라고도 하고 음식을 아름답게 꾸며 돋보이게 하고 식욕을 촉진시켜주며, 음식을 품위 있게 해준다. 맛보다는 장식이 주목적이며 음식 위에 뿌리거나 얹는 것이다. 고명과 양념의 다른 점은 양념은 맛을 내지만 고명은 맛과는 아무 상관이 없다는 것이다.

한국음식은 겉치레보다는 맛에 중점을 두고 있기는 하나, 맛을 좌우하는 양념과 눈을 즐겁게 하는 고명은 음식에 있어 중요한 역할을 하고 있다.

고명의 다섯 가지 색채는 우주공간을 상징할 때 사용하는 5방색인 동(푸른색 : 간장), 서(흰색 : 폐), 남(붉은색 : 심장), 북(검은색 : 신장), 중앙(노란색 : 위)과 일치하며 시간을 상징하는 봄, 여름, 가을, 겨울과 변화를 일으키는 중심도 다섯 가지 색으로 나타내므로 한국음식의 고명체계는 우주론적인 체계와 상동하다고 할 수 있다. 따라서 고명은 음양오행의 전통문화를 공유한 한국음식의 독창적인 형태라고 할 수 있다.

고명에 사용되는 다섯 가지 색의 재료로 청색에는 미나리, 실파, 쑥갓, 오이가, 적색에는 실고추, 홍고추, 당근이, 황색에는 달걀노른자가, 흰색에는 달걀흰자가, 흑색에는 쇠고기, 목이버섯, 표고버섯 등이 있다.

1) 달걀지단

달걀은 흰자와 노른자로 나누어 각각 소금을 약간 넣고 잘 풀어서 사용한다. 기름을 두르고 불을 약하게 한 후 풀어놓은 달걀을 부어 얇게 편 뒤 양면을 지져서 용도에 맞는 모양으로 썬다. 지단은 고명 중에서 흰색과 노란색을 가진 자연식품 중 가장 널리 쓰인다. 채썬 지단은 나물이나 잡채에, 골패형인 직사각형과 완자형인 마름모꼴은 국이나 찜, 전골 등에 쓴다. 줄알이란 뜨거운 장국이 끓을 때 달걀을 풀어 줄을 긋듯 줄줄이 넣어 부드럽게 엉기게 하는 것을 말하는데 국수나 만둣국, 떡국 등에 쓰인다.

2) 미나리초대

미나리를 깨끗이 씻어서 줄기만을 약 1~2cm 정도의 길이로 잘라 굵은 쪽과 가는 쪽을 번갈아 대꼬치에 꿰어서 칼등으로 자근자근 두들겨 네모지게 한 장으로 하여 밀가루를 얇게 묻힌 후 달걀을 풀어 담갔다가 팬에 기름을 두르고 달걀지단 부치듯이 양면을 지진다. 지나치게 오래 지지면 색이 나쁘다. 달걀의 흰자와 노른자를 따로 풀어서 입히는 경우도 있다. 미나리가 억세고 좋지 않을 때에는 가는 실파를 미나리와 같은 요령으로 부친다. 지져서 채반에 꺼내어 식으면 완자형이나 골패형으로 썰어 탕, 전골, 신선로 등에 넣는다.

3) 고기완자

완자는 쇠고기의 살을 곱게 다져 양념한 뒤 고루 섞어서 둥글게 빚는다. 때로는 물기 짠 두부를 으깨어 섞기도 하며, 완자의 크기는 음식에 따라 직경 1~2cm 정도로 빚는다. 둥글게 빚은 완자에 밀가루를 얇게 입히고, 풀어놓은 달걀에 담가 옷을 입혀서 팬에 기름을 두르고 굴리면서 고르게 지진다. 면이나 전골, 신선로의 웃기로 쓰이며 완자탕의 건지로 쓴다. 고기의 양념은 간장 대신 소금으로 하는 경우가 많으며 파, 마늘은 곱게 다지고 설탕이나 깨소금은 조금 넣는다.

4) 고기 고명

쇠고기를 곱게 다져 간장, 설탕, 파, 마늘, 깨소금, 참기름, 후춧가루 등으로 양념하여 볶아서 만든 다진 고기 고명은 국수장국이나 비빔국수의 고명으로 쓴다. 쇠고기를 가늘게 채썰어 양념해서 만든 채고명은 떡국이나 국수의 고명으로 얹는다. 지방에 따라 고기산적을 작게 만들어 떡국에 얹기도 한다.

5) 버섯류

대개 말린 표고버섯, 목이버섯, 석이버섯, 느타리버섯 등을 손질하여 고명으로 쓴다.

① 표고버섯

전을 부칠 때는 작은 것으로 하고 채로 썰어 쓰려면 어느 크기라도 괜찮으나 크고 두꺼운 것을 얇게 저민 다음 채로 썰도록 한다. 마른 표고는 먼저 물에 얼른 헹구어 낸 후 잠길 정도의 미지근한 물이나 찬물을 붓고 위에 떠오르지 않게 접시로 눌러 충분히 부드러워질 때까지 불려서 기둥을 떼고 용도에 맞게 쓴다. 표고를 담갔던 물은 맛성분이 많이 우러나서 맛이 좋으므로 국이나 찌개의 국물로 이용하면 좋다. 물에 담글 때 지나치게 더운물로 불리면 색깔도 검고 향기도 좋지 않다. 고명으로 쓸 때에는 고기 양념장과 마찬가지로 양념하여 볶는다.

② 석이버섯

석이버섯은 되도록 부스러지지 않은 큰 것으로 골라 뜨거운 물에 불려서 양손으로 비빈 뒤 안쪽의 이끼를 말끔하게 벗겨낸다. 여러 번 물에 헹구어 바위에 붙어 있던 모래를 말끔히 떼어낸다. 석이를 채로 썰 때에는 말아서 썰고, 고명으로 쓸 때에는 다져서 달걀흰자에 섞어 석이 지단을 부친다.

6) 실고추

나물이나 국수의 고명으로 쓰이고 김치에 많이 쓰인다.

7) 홍고추, 풋고추

말리지 않은 홍고추나 풋고추를 갈라서 씨를 뺀 뒤 채로 썰거나 완자형, 골패형으로 썰어 웃기(고명)로 쓴다.

8) 실파와 미나리

가는 실파나 미나리 줄기를 데쳐 3~4cm 길이로 썬 뒤 찜, 전골이나 국수의 웃기로 쓴다. 푸른색을 좋게 하려면 넉넉한 물에 소금을 약간 넣고 데쳐서 바로 찬물에 헹구어 완전히 식혀서 쓰면 색이 아주 곱다.

9) 통깨

참깨를 잘 일어 씻은 뒤 볶아서 빻지 않고 그대로 나물, 잡채, 적, 구이 등의 고명으로 뿌린다.

10) 잣

잣은 뾰족한 쪽의 고깔을 떼고 통째로 쓰거나 길이로 반을 갈라서 비늘잣으로 하거나 잣가루로 하여 쓴다. 잣가루는 도마 위에 종이를 겹쳐서 깔고 잘 드는 칼로 곱게 다진다. 보관할 때에는 종이에 싸두어야 여분의 기름이 배어나와 잣가루가 보송보송하다. 통잣은 전골, 탕, 신선로 등의 웃기, 차나 화채에 띄우고, 비늘잣은 만두소나 편의 고명으로 쓴다. 잣가루는 회나 적, 구절판 등 완성된 음식을 그릇에 담은 위에 뿌려서 모양을 내며 초간장에도 넣는다. 한과류 중 강정이나 단자 등의 고물로 쓰이고 잣박산, 마른안주로도 많이 쓰인다.

11) 은행

은행은 딱딱한 껍질을 까고 달구어진 팬에 기름을 두르고 굴리면서 볶은 후 마른 종이나 행주로 싸서 비벼 속껍질을 벗긴다. 소금을 약간 넣고 끓는 물에 은행을 넣고 삶아서 벗기는 방법도 있다. 신선로, 전골, 찜의 고명으로 쓰이고 볶아서 소금으로 간을 하여 두세 알씩 꼬치에 꿰어 마른안주로도 쓴다.

12) 호두

딱딱한 껍질을 벗기고 알맹이가 부서지지 않게 꺼내어, 반으로 갈라 뜨거운 물에 잠시 담갔다가 대꼬치 등 날카로운 것으로 속껍질을 벗긴다. 호두살을 너무 오래 담가두면 불어서 잘 부스러지고 껍질 벗기기가 어렵다. 많은 양을 벗길 때에는 여러 번에 나누어 불려서 벗긴다. 찜이나 신선로, 전골 등의 고명으로 쓰인다. 속껍질까지 벗긴 호두알은 녹말 가루를 고루 묻혀 기름에 튀긴 뒤 소금을 약간 뿌려 마른안주로 쓴다.

13) 대추

대추는 실고추처럼 붉은색의 고명으로 쓰이는데 단맛이 있어 어느 음식에나 적합하지는 않다. 마른 대추는 찬물에 재빨리 씻어 건져 마른행주로 닦고, 창칼로 씨만 남기고 살을 발라내어 채로 썰어서 고명으로 쓴다.

14) 밤

단단한 겉껍질을 벗기고 창칼로 속껍질까지 말끔히 벗긴 후 찜에는 통째로 넣고, 채로 썰어 편이나 떡고물로 하고, 삶아서 체에 걸러 단자와 경단의 고물로 쓴다. 예쁘게 깎은 생률은 마른안주로 가장 많이 쓰이고, 납작하고 얇게 썰어서 보쌈김치, 겨자채, 냉채 등에도 넣는다.

15) 알쌈

알쌈은 비빔밥이나 신선로, 떡국, 만둣국 등의 고명으로 쓰이며 기름에 지져낸 완자소를 달걀지단 속에 넣고 양끝을 맞붙여 반달모양으로 부친다.

3장
한국음식의 상차림

1. 상차림의 개요

우리나라는 사계절의 구분이 뚜렷하고 기후의 지역적인 차이가 있어, 각 지방마다 식물이 다양하게 생산되며, 지역적 특성을 살린 음식들이 잘 발달되어 왔다.

한국의 식생활은 궁중을 비롯하여 양반집의 다양한 식생활 풍속을 중심으로 발달해 오면서 많은 형식과 까다로운 범절을 따르게 되었다. 상에 차려내는 주식의 종류에 따라 반상, 죽상, 면상 등으로 나뉘고, 차리는 목적에 따라서는 주안상, 교자상, 그 밖에 돌상, 혼례상, 폐백상, 제사상 등의 의례적인 상차림도 있다.

상차림의 유형은 그 시대의 정치·경제·문화의 유형이나 체제의 영향이 크며, 한편으로 의복이나 주거양식에 연계성이 큰 것이다. 시대별 상차림의 유형은 다음과 같다.

1) 상고시대

고구려 벽화에서 추정하면 이 시대의 상차림 양식은 입식 차림이었다. 상에 음식을 차리고 의자에 앉아 식사를 하였으며, 음식을 담는 기명에는 고배형(高杯型)의 그릇이 많이 쓰였다.

2) 고려시대

테이블 같은 상탁 위에 음식을 담는 쟁반을 놓아 상차림을 한 것으로 해석된다. 상객(上客)일수록 음식을 담는 반수(盤數)가 많았으며, 하객(下客)인 경우에는 좌식상(座式

床)에 두레상처럼 연상을 차렸다. 연회에서는 한 상에 2인씩 마주 앉고, 상 위에는 여러 가지 음식을 많이 차렸다.

3) 조선시대

이 시대에 와서 '좌식상'으로 고정되었다. 그러나 궁중에서 행한 의례(儀禮)와 제례(祭禮)의 상차림에는 예부터의 풍습에 따라 상을 사용하였다. 한편 반상, 큰상을 위시하여 여러 가지 상차림의 격식이 정립되었다. 이 시대에 정립된 상차림에는 유교이념을 근본으로 한 가부장적(家父長的) 대가족제도가 크게 반영되고, 음식을 담는 그릇도 상차림에 따라 대체로 규격화되었다.

2. 상차림의 실제

1) 아침상(자리조반상 · 초조반상)

자리조반상은 예전에 연로하신 부모님을 모신 이가 행하는 것이다. 노인은 잠이 없으므로 새벽에 기침하시면 시장기를 못 느끼게 하기 위하여 간단히 미음(응이 · 죽) 혹은 양집, 때로는 국수장국을 해드린다. 그 상차림에는 편육, 동치미나 나박김치, 간장, 초장, 젓국찌개와 마른 찬(암치보푸라기, 북어보푸라기, 육포, 어포)을 놓는다.

① 죽상
  흰 죽상에는 자반준치찌개를 해놓는데, 여름에는 풋고추를 썰어 얹고 젓국찌개를 삼삼하게 만든다. 그리고 포를 폭신하게 두들겨서 납작하게 썰고 암치나 건대구를 솜같이 보풀려서 곁들여 놓는다. 마른 대하가 있으면 두들겨 보풀려 같이 곁들여도 좋다. 김치는 때에 따라 신선한 김치(동치미, 나박김치)를 놓고, 준치가 없을 때에는 무젓국찌개도 좋다.
② 미음상
  미음에 따라 다소 다르지만 거의 같다. 대추미음상에는 설탕을 놓고, 암치나 건대구를 솜같이 보풀려서 포를 폭신폭신하게 두들겨 곁들여 놓는다. 북어도 마른 것을 두들겨서 보풀린 뒤 한데 곁들이기도 한다. 이런 때는 반드시 진간장을 놓는다. 김치는

계절에 따라 다르고 나박김치, 동치미, 젓국지 중 하나를 선택해서 차린다. 미음대접을 놓고 그 옆에는 반드시 공기를 놓는다. 정과를 좋아하면 후식으로 놓는다.

③ 응이상

응이상에는 설탕을 놓고 신선한 김치(동치미), 포가 있으면 두드려서 무쳐 놓고 정과가 있으면 놓아도 좋다. 병환 중에는 포 대신 자반을 보풀려 놓는다.

2) 반상차림

우리나라의 상차림은 반상차림으로 밥을 주식으로 하고, 여러 가지 찬을 배선하는 아침, 점심, 저녁상을 일상식으로 하고 있다. 밥과 반찬을 주로 하여 격식을 갖추어 차리는 음식으로, 나이 어린 사람에게는 밥상, 어른에게는 진지상, 임금님의 밥상은 수라상이라고 부른다. 한국의 일상음식 상차림은 전통적으로 독상이 기본이고, 반상은 3첩, 5첩, 7첩, 9첩, 12첩으로 구분된다. 여기서 첩이란 반찬을 담는 그릇인 쟁첩을 뜻하며, 옛날 대궐에서 임금님에게 드리던 수라상은 12첩반상이다. 3첩은 서민들의 상차림이었고, 5첩은 중산층, 7첩과 9첩은 반가의 차림이었는데, 보편적인 것은 7첩으로 쌍조치가 오른다. 밥과 반찬을 주로 한 반상 이외에도 죽상, 장국상, 주안상 등이 있었고, 계절에 따라 그 구성이 다양하였다.

반상은 밥, 국, 김치, 조치(찌개), 종지(장류), 찜(선), 전골을 제외한 쟁첩(접시)에 담는 반찬의 수를 말한다. 반상의 배선법은 수저는 상의 오른쪽에 위치하고, 상 끝에서 2~3cm 나가게 한다. 밥은 상 앞줄 왼쪽에, 국은 오른쪽에, 그리고 찌개는 국 뒤쪽으로 놓는다. 김치는 상 뒷줄에 놓고, 김치 중에서 국물김치는 오른쪽에 오도록 한다. 일반적으로 더운 음식인 국, 찌개, 구이, 전 등은 오른쪽에 배선한다.

구분	기본음식							쟁첩에 담는 찬품										
	밥	국	김치	장류	찌개	찜	전골	생채	숙채	구이	조림	전	장과	마른찬	젓갈	회	편육	별찬
3첩	1	1	1	1	×	×	×	택1		택1			택1			×	×	×
5첩	1	1	2	2	1	×	×	택1		1	1	1	택1			×	×	×
7첩	1	1	2	3	1	택1		1	1	1	1	1	택1			택1		×
9첩	1	1	3	3	2	1	1	1	1	1	1	1	1	1	1	택1		×
12첩	2	2	3	3	2	1	1	1	1	더운구이 찬구이 2	1	1	1	1	1	1	1	1

반상차림 배치도

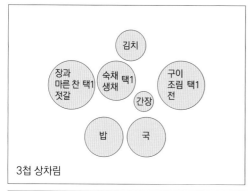

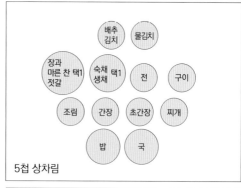

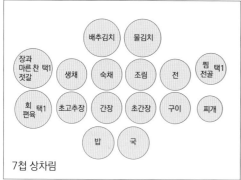

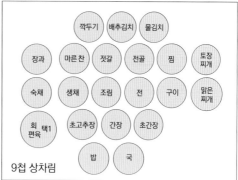

반상의 종류에 따라 격식이 정해져 있기 때문에 요령 있게 식단을 짜고 합리적인 상을 차릴 수 있도록 노력해야 한다. 재료와 연료, 시간 그리고 노력 등을 절약하고, 보다 알찬 영양을 섭취할 수 있는 실속 있는 식생활을 위해서 반상을 차릴 때의 유의사항을 나열해 보도록 하겠다.

① 다양한 재료를 쓴다.

　재료가 여러 가지 반찬에 중복되어 쓰이는 것을 피하라는 뜻이다. 요리의 재료는 계절에 따라 특별한 맛을 지닌 것을 이용한다. 동물성 식품인 고기류와 생선류로 만든 반찬 그리고 식물성 식품인 채소류, 산채류, 해조류로 만든 반찬들을 골고루 이용한다.

② 조리법을 응용한다.

　반상의 의의는 여러 가지 음식을 맛있게 골고루 먹게 하는 데 있다. 그러기 위해서는 조리법에 있어 각 재료가 지닌 맛의 개성을 살리기 위해 약간씩 다른 조리법을 응용하도록 노력한다.

③ 색채의 조화를 살린다.

요리의 색채는 식욕을 돋우고 맛을 한층 좋게 해준다. 따라서 요리의 재료를 선택할 때에는 색의 조화를 생각해야 한다.

④ 양을 너무 많이 담지 않는다.

예로부터 내려온 반상의 형식은 대체로 독상이며, 겸상일 경우에도 그 음식의 양은 항상 남는 것이 통례이다. 그릇에 가득 담긴 음식은 보기에도 좋지 않고 식욕도 덜할 뿐 아니라 먹을 음식은 자연히 불결해지고 맛도 저하된다. 따라서 적당한 양을 담도록 한다.

3) 면상 · 만둣국상 · 낮것상(점심상)

예부터 점심은 낮것이라고 하여 밥상은 안 차린다. 평일에는 아침 늦게 밥상을 받으면 점심은 요기만 하는 정도로 가벼운 음식으로 한다. 손님이 오시면 온면, 냉면 등 간단한 국수상을 차린다. 봄에는 국수장국, 가을에는 나박김치, 겨울에는 배추김치, 장김치, 전유어, 편육, 잡채, 누름적, 간장(묽은 장), 초장, 과일, 약과, 화채, 식혜 등을 차린다. 예부터 국수나 만두는 점심이나 참으로 즐겼다.

4) 주안상

주안상은 약주와 함께 안주를 곁들이는 상차림으로 술에 따라 안주도 달라진다. 그러나 기본적인 것은 전유어, 편육, 탕 등의 안주와 몇 가지 마른안주를 낸다. 찌개, 전골 등을 포함하여 생과일, 정과 등의 후식까지 차릴 수 있다. 아주 고급일 때는 구절판이 나온다.

5) 교자상(잔칫상)

명절이나 잔치, 또는 회식 때 많은 사람이 함께 모여 축하연회나 식사를 할 경우에 차리는 상이다. 대개 고급재료를 사용해서 여러 가지 음식을 많이 만들어 대접하려고 할 때, 종류를 지나치게 많이 하는 것보다 조화가 되도록 색채나 재료, 조리법, 영양 등을 고려하여 다른 요리를 몇 가지 곁들이는 것이 좋은 방법이다.

6) 돌상

아기가 태어난 지 만 1년이 되는 돌날이면 생일을 축하하고 앞날을 축복하기 위해 뜻 있는 음식으로 상을 차린다. 돌상의 대표적인 음식은 백설기와 수수팥떡이다. 백설기는 신성한 백설의 무구한 음식이며, 수수팥떡은 붉은색의 차수수로 경단을 빚어 삶고 붉은 팥고물을 묻힌 떡으로 붉은색이 액을 방지한다는 믿음에서 비롯된 풍습이다. 아이 생일에 수수팥떡을 해주어야 자라면서 액을 면할 수 있다고 믿는 것은 우리나라 전역에 걸친 것으로 아이가 10세가 될 때까지 생일마다 수수팥떡을 해준다.

7) 큰상차림

큰상은 혼례, 회갑, 회년(만 70세), 회혼례(결혼한 지 61년째) 등에 차리는 상이다. 편, 숙과, 생실과, 유과 등을 높이 고여서 상의 앞쪽에 색을 맞추어 배상하고, 상을 받는 주빈 앞쪽으로 상 위에 차린다. 이것을 주빈이 그 자리에서 들도록 차리는 것이다.

괴는 음식류는 계절 또는 가풍, 형편 등에 따라 다르다. 예전에는 높이의 치수와 접시 수를 기수(홀수)로 하는 관습이 있었다.

8) 다과상차림

다과상은 식사를 겸하지 않는 간단한 손님상이다. 다과상은 식사 이외의 시간에 다과 만을 대접하는 경우와 주안상이나 장국상 뒤에 후식으로 내는 경우가 있다.

음식의 종류나 가짓수에는 차이가 있으나 떡류, 조과류, 생과류와 특히 각 계절에 잘 어울리는 떡, 생과, 음청류를 잘 고려하며 계절감을 살리도록 한다.

9) 제사상 차림

제사는 돌아가신 조상을 추모하고, 그 은혜에 보답하는 최소한의 성의를 표시하는 것이다. 이것은 다하지 못한 효도의 연장이자 한 집안의 작은 종교의식이며 동시에 우리 민족의 정신문화이기도 하다. 제의례란 죽은 조상을 추모하여 지내는 의식이며 신명(神明)을 받들어 복을 빌고자 하는 의례이다. 선조(先祖)를 제사의 대상으로 인식하기 시작한 것은 내가 있게 된 것이 바로 조상에서 비롯되었다는 것을 인식한 뒤부터라고 한다.

제사에 쓰이는 제물을 '제수' 또는 '제찬'이라고도 한다. 제수(祭需)는 지방과 가풍에 따라 차이가 있다. 제수에는 고춧가루나 마늘을 쓰지 않는다. 제수 음식을 장만할 때에는 형식에 치우치지 말고 정성을 다하여 형편에 맞도록 하는 것이 좋다.

제사음식의 종류

① 메(飯) : 밥, 추석절 제사에는 송편으로, 연시제에는 떡국으로 대신한다.
② 면(麵) : 국수
③ 편(餠) : 떡(설기는 제수 음식으로 사용하지 않고 백편으로 한다.)
④ 삼탕(三湯) : 육탕(肉湯), 소탕(素湯), 어탕(魚湯). 탕은 형편에 따라 단탕, 3탕, 5탕으로 하는데 주재료를 익힌 후 간을 하지 않고 건더기만 탕기에 담는 것이 원칙이다. 예) 3탕{육탕, 어탕, 소탕 (채소)}
⑤ 삼적(三炙) : 육적(肉炙), 소적(素炙), 어적(魚炙)
⑥ 간납(肝納) : 전(煎)을 말하며 생선적, 육전, 간전 등을 만든다.
⑦ 숙채 : 삼색 나물(시금치, 고사리, 도라지)
⑧ 청장(淸醬) : 간장
⑨ 포(脯) : 북어, 건대구, 건문어, 건전복, 건상어, 육포 등
⑩ 갱(羹) : 국
⑪ 유과(油果) : 약과, 산자(흰색), 강정(검은깨)
⑫ 당속(糖屬) : 흰색 사탕(오화당, 옥춘, 원당, 빙당, 매화당)
⑬ 다식(茶食) : 녹말다식, 송화다식, 흑임자다식
⑭ 침채 : 고춧가루와 젓갈을 쓰지 않고, 무, 배추, 미나리로 나박김치를 담근다.
⑮ 갱수(羹水) : 숭늉

제사상 차림 · 진설법

제사는 고인의 기일 전날 지내는 것으로 제상은 '가가례'라 하여 집, 고장마다 진설법이 다를 수 있으므로 형편에 맞게 정성껏 마련하면 된다. 제기는 보통 나무, 유리, 사기로 되어 있으며, 동그란 모양의 접시에 6~7cm의 굽이 달려 있다. 제사음식은 일반적으로 화려한 색과 심한 비린내는 금기시하였다.

① 조율이시(棗栗梨柿) : 왼쪽부터 대추, 밤, 감, 배의 순으로 놓는다.
② 홍동백서(紅東白西) : 붉은 과일은 동쪽, 흰 과일은 서쪽에 놓는다.
③ 생동숙서(生東熟西) : 김치는 동쪽, 나물은 서쪽에 놓는다.
④ 좌포우혜(左脯右醯) : 포는 왼쪽, 식혜는 오른쪽에 놓는다.
⑤ 건좌습우(乾左濕右) : 마른 것은 왼쪽, 젖은 것은 오른쪽에 놓는다.
⑥ 접동잔서(摺東盞西) : 접시는 동쪽, 잔은 서쪽에 놓는다.
⑦ 우반좌갱(右飯左羹) : 밥은 오른쪽, 국은 왼쪽에 놓는다.
⑧ 남좌여우(男左女右) : 남자는 왼쪽, 여자는 오른쪽에 선다.

4장
시절음식

1. 시절음식의 개요

절식이란 다달이 있는 명절에 차려 먹는 음식이고 특별한 날 특별한 음식을 만들어 먹는 것을 말한다. 시식은 봄, 여름, 가을, 겨울 등 계절에 따라 나는 식품으로 차려 먹는 음식을 말한다. 세시풍속은 "해마다 일정한 시기가 오면 습관적으로 반복하여 거행하는 생활행위" 또는 "일상생활에 있어서 계절에 맞추어 습관적으로 되풀이되는 민속" 혹은 "자연신앙과 조상숭배를 바탕으로, 종교, 주술적 복합행위와 놀이가 한데 어울린 철갈이 행사"라 할 수 있다. 사계절이 뚜렷한 우리나라는 계절에 따라 세시행사를 하였는데 이것은 농업을 중심으로 한 음력에 따라 이루어진다. 음력은 달을 위주로 한 자연력이므로 생산과 직결되는 계절감에 맞아 지금도 농업, 어업에 종사하는 사람에게는 기준이 되는 것이다. 우리나라는 춘하추동 사계절이며 24절기가 있다.

2. 시절음식

우리나라의 옛 풍습에서는 일 년을 통해 명절 때마다 해 먹는 음식이 다르고, 춘하추동 계절에 따라 새로운 식품을 즐겼다. 절식(節食)은 다달이 끼여 있는 명절음식이고, 시식은 춘하추동에 나는 식품으로 만드는 음식을 통틀이 말한다.

1) 정월

① 설날

설은 원단, 세수, 연수, 신일이라고도 하는데 일 년의 시작이라는 뜻이다. 세시음식으로 대표적인 것은 떡국으로, 이는 제사상(祭祀床) 및 손님 대접을 하는 경우 세찬상(歲饌床)에 올려졌다.

② 입춘

봄이 시작된다는 입춘에는 입춘대길(立春大吉)이란 좋은 뜻의 글씨를 붓으로 써서 대문에 붙이는 풍습이 있었다. 오신반(五辛飯)은 겨자채와 같은 생채요리의 하나로 입춘에 눈에서 돋아나는 햇나물을 겨자즙에 무쳐서 입춘 절식으로 한 것이다. 겨울을 지내는 동안 신선한 채소가 귀하였던 옛날의 실정을 생각할 때 오신반은 매우 뜻 깊은 절식이다.

③ 대보름

대보름이란 음력 정월 보름의 상원(上元)을 특별히 일컫는 말인데 이날은 우리 세시 풍속에서 제일 중요하고 뜻깊은 날이다. 찹쌀밥을 지어 대추, 밤, 참기름, 꿀, 간장 등을 섞고 잣을 박아 다시 찐다. 이것을 약식(藥食, 약밥)이라 하며 보름날의 좋은 음식이라 하여 제사음식으로도 쓴다.

맑은 새벽에 생률, 호두, 은행, 잣, 무 등속을 깨물며 축도하여 말하기를 "일 년 열두 달 동안 무사태평하고 종기나 부스럼이 나지 않게 해주십사" 하고 기원한다. 이것을 부럼이라고도 한다. 이른 아침에 청주(淸酒) 한 잔을 데우지 않고 마시면 귀가 밝아진다고 한다. 이 술을 귀밝이술이라 한다. 박고지, 표고버섯 등의 말린 것이나, 대두황권(大豆黃卷), 순무, 무 등을 진채(陳菜)라 한다. 이날은 반드시 나물을 무쳐서 먹는다. 외꼭지, 가지고기, 시래기 등도 버리지 않고 말려두었다가 삶아서 먹으면 더위를 먹지 않는다고 한다. 배추 잎이나 김으로 밥을 싸서 먹는 것을 복쌈이라 한다. 또한 오곡 섞은 밥을 싸서 먹고 서로 나누어주며 종일 이것을 먹는다.

2) 이월

음력 이월 초하룻날을 중화절(中和節, 노비일)이라 한다. 가을 추수가 끝나면 오랫동안 농사일이 없어 머슴들은 별로 뚜렷한 일이 없었지만, 이달부터는 농사 준비가 시작되는 시기이므로 노비에게 음식을 마련해 주고 쉬게 했다. 농가에서는 이삭을 내려다가 떡가루를 만들어 송편을 빚어서 노비들에게 나이 수대로 나누어 먹였고 하루를 쉬게 했다.
그래서 노비일 또는 머슴일이라 한다.

3) 삼월

① 삼짇날

음력 3월 초사흗날이며, 상사(上巳), 원사, 중삼(重三) 또는 상제라고도 한다. 이날
들판에 나가 꽃놀이를 하고 세풀을 밟으며, 봄을 즐기기 때문에 붙여진 이름이다.
이때 봄 향기 감도는 맛있는 음식을 준비하여 산과 들로 화전놀이를 나가서 하루를
즐긴다.

일반적으로 화전은 찹쌀가루를 익반죽하여 밤톨만큼 떼어 둥글납작하게 만들고,
술을 뗀 꽃을 올려 자그마하게 지져낸다. 여름에는 노란 장미, 가을에는 국화, 봄에
는 가장 맛이 감미로운 진달래꽃으로 전을 만든다.

② 청명일과 한식

한식을 청명절이라 하고 동지부터 105일째 되는 날이다. 성묘는 일 년에 네 번으로,
정초, 한식, 단오, 중추에 한다. 제물은 술, 과일, 포, 식혜, 떡, 국수, 탕, 적 등이다.
중국에서는 한식을 냉절(冷節)이라 하는데, 그 유래로 인하여 우리도 이날은 미리
장만해 놓은 찬 음식을 먹고 닭싸움, 그네 등의 유희를 즐기며 불을 쓰지 않는다.
이날은 조상의 무덤에 떼를 다시 입히고, 민간에서는 이날을 전후하여 쑥탕, 쑥떡을
해 먹는다.

4) 사월

이날은 석가모니의 탄생일로 초파일이라고도 한다. 우리나라 풍속에 이날 연등을 하
므로 등석(燈夕)이라 한다. 등석의 수일 전부터 민가에서는 등우(燈竿)를 세우고, 아이들
은 이 등우 밑에 석남(石楠)의 잎을 넣어 만든 시루떡과 볶은 검정콩, 삶은 미나리나물을
차려놓는다. 이것은 석가탄신일에 간소한 음식으로 손님을 맞이해서 즐기기 위한 것이라
한다. 불교신도들은 가족의 평안을 축원하는 뜻에서 가족 수대로 등을 절에 바쳐 불공을
드린다.

5) 오월

음력 5월 5일을 단오일(端午日) 또는 중오절, 천중절, 단양, 수릿날(戌衣日)이라 한다. 수의(戌衣)는 우리나라 말로 수레라는 뜻이다. 이날에는 쑥잎을 따서 멥쌀가루에 넣고, 짓찧어 녹색이 나도록 반죽하여 떡을 만든다. 이것으로써 수레바퀴 모양으로 만들어 먹는다 하여 수릿날이라고도 한다. 단옷날 궁중에서는 준치국, 앵두화채, 생실과, 도행병, 앵두편을 만들어 먹었고, 내의원에서는 제호탕을 만들어 진상했다.

창포탕(菖蒲湯)이나 창포잠(菖蒲簪)과 같은 단오의 풍습이 있었는데, 창포이슬을 받아 화장수로도 사용하고, 창포를 삶아 창포탕을 만들어서 머리를 감으면 머리카락이 윤기가 나고 빠지지 않는다고 했다. 또 창포뿌리를 잘라 비녀 삼아 머리에 꽂기도 했다.

단오음식으로 준치만두와 준치국이 있는데 준치는 생선 가운데 가장 맛있는 것으로 진어(眞魚)라고도 한다. 준치는 유난히 가시가 많은 생선으로 사람들이 맛있는 준치만 잡아가서 멸종의 위기에 놓이게 되자 용궁에서는 묘책으로 다른 물고기들이 자기의 가시를 한 개씩 빼서 그 생선에게 박아주면 사람들이 쉽게 잡지 않으리라는 뜻이 모아져 결국 유난히 가시가 많은 생선이 되었다는 전설이 있다.

6) 유월

① 유두

음력 6월 보름이다. '유두'는 '동류두목욕(東流頭沐浴)'이란 말에서 온 것이고 풍속은 신라시대에서 온 것이다. 삼복이 끼어 있는 무더운 한여름에 맑고 시원한 물가를 찾아가 목욕하고 머리를 감으며 하루를 즐겁게 보내던 풍속이다.

유둣날 전후로 나온 햇것인 참외, 오이, 수박과 떡을 먹으면 명이 길어진다고 하여 이날에는 햇밀을 반죽하여 만든 국수를 닭고기 국물이나 깻국탕에 말아 먹었다. 푸른 호박을 볶아 그 위에 고명으로 얹었으며 이날 먹는 국수를 유두면이라 불렀다. 애호박을 가늘게 채쳐서 밀가루 물에 풀어 기름을 넉넉히 두르고 부친 밀전병도 6월의 시식이다.

② 삼복

하지 후 셋째 경일을 초복, 넷째 경일을 중복, 입추 후 첫 경일을 말복이라 하며, 이 셋을 통틀어 삼복이라 한다. 삼복은 여름 더위가 한창인 때이며, 초·중·말복이 10일 간격으로 있는데, 이날이면 개장국을 하는 풍습이 있다. 일반에서 개장국을 먹었고 반가에서는 육개장국을 먹었다. 육개장국은 쇠고기의 살코기를 고아서 파를 많이 넣고 고춧가루로 조미하여 얼큰하게 끓인 여름철에 알맞은 국이다. 이열치열(以熱治熱)이라 하여 복 중에 먹는 뜨거운 음식은 더위에 지친 허한 몸을 보한다고 했다. 특히 한여름에 뜨거운 음식을 많이 먹었으니 영계를 잡아 인삼과 대추, 찹쌀을 넣고 삶아 먹는 삼계탕을 일급으로 여겼다.

7) 칠월

7월 7일을 칠석이라 한다. 칠석날에는 은하수에 까치와 까마귀가 오작교를 놓고 동쪽의 견우성과 서쪽의 직녀성이 만나 슬픔과 기쁨의 눈물을 흘리느라 날이 흐리고 비가 온다고 한다. 부녀자들은 마당에 바느질 준비 및 맛있는 음식을 차려 놓고, 문인들은 술잔을 교환하면서 두 별을 제목으로 시를 지었다. 또한 볕이 좋을 때 옷과 책을 말린다. 집집마다 우물을 퍼내어 청결히 한 다음 시루떡을 해서 우물에 두고 칠성제를 지낸다.

음식으로는 밀가루를 체에 쳐서 묽게 반죽하여 곱게 채썬 호박을 넣고 팬에 기름을 넉넉히 두른 뒤 지져서 따끈할 때 양념장에 찍어 먹는 밀전병이 있다.

8) 팔월

음력 8월 15일을 우리나라 풍속으로는 추석이라 일컫는다. 또는 가배(가윗날), 중추절, 가위, 한가위라고도 한다. 술집에서는 햅쌀로 술을 빚고 떡집에서는 햅쌀로 송편을 만들며, 무나 호박을 넣은 시루떡도 만든다. 또 찹쌀가루를 쪄서 찧어 떡을 만들고, 삶은 검정콩, 누런 콩의 가루나 깨를 무친다. 이름하여 인절미라 한다. 또 추석에는 토란국을 끓여 먹는다. 토란국에는 닭고기나 쇠고기 등을 넣어 먹는데 이는 특히 추석 때의 시절음식이다.

더위는 가고 서늘해지며 오곡백과가 새로 익고, 모든 상황이 풍성하니 "더도 말고 덜도 말고 늘 한가윗날만 같아라." 하는 속담이 있다. 설은 신년의 매듭이므로 당연히 큰 명절이고 이 설을 빼면 사실 우리 농가 본위로서는 추석과 대보름은 양대 명절이 아닐 수 없다. 추석 음식으로는 송편, 토란탕, 화양적, 닭찜 등이 있다.

9) 구월

음력 9월 9일은 중구일 또는 중양, 중광이라 하여 양수가 겹쳤다는 뜻이다. 지방에 따라서는 이날 성묘를 한다.

이때는 국화가 만발하므로 국화로 여러 가지 음식을 한다. 국화주는 만발한 국화꽃을 따서 술 한 말에 꽃 두 되 정도로 배주머니에 넣어서 술독에 담가두고 뚜껑을 꼭 덮으면 향이 짙은 국화주가 된다. 약주에다 국화꽃을 띄워서 마시기도 한다. 각 가정에서는 찹쌀가루에 국화 꽃잎을 따서 대추와 밤 등을 얹어 국화전을 부친다. 국화화채는 국화꽃에 녹말을 씌워 익혀서 꿀물 또는 오미자국에 건지로 얹는다. 이때 국화꽃(소국)을 말려 베갯속으로 넣으면 국화향이 머리속을 맑게 해준다 하여 즐겨 애용했다.

10) 시월

10월은 입동, 소설의 절기가 있는 계절로 겨울 날씨에 접어들었으나 아직 햇볕이 따뜻하여 소춘이라 한다. 10월을 상달이라 하여 민가에서는 가장 높은 달이라 했다. 이달의 무오일인 만날은 상마일로 쳐서 말을 위해 마구간 앞에 시루팥떡을 놓고 신에게 말의 건강을 기도한다. 그러나 병오의 날은 쓰지 않는다. 병(丙)과 병(病)은 음이 서로 같으므로 말의 병(病)을 꺼리기 때문이다. 이래서 무오일이 좋다는 풍속은 지금도 전해지고 있다. 또한 이날에 길일을 택해서 신곡으로 떡을 찧고 술을 빚어서 터줏대감을 하는데 이것을 성주제라 한다. 5대조 이상의 조상께 시제를 올리고 단군에게 신곡을 드리는 제사인 농공제를 지낸다. 10월의 시식으로는 시루떡, 무시루떡, 만둣국, 열구자탕, 변씨만두, 연포탕, 애탕, 애단자, 강정 등을 들 수 있다. 10월 상달의 고사떡은 추수 감사의 뜻이 담긴 절식이고 대추, 감, 밤도 저장하여 두면 겨울을 알리는 첫서리가 내리더라도 농사하는 백성들은 겨울 채비를 마치면서 한숨을 돌리게 된다.

11) 십일월

① 동짓날

동짓날에는 붉은 팥죽을 쑨다. 팥죽에는 찹쌀가루로 둥글게 빚은 '새알심'을 넣는데 나이대로 새알심을 넣어주었다고 하며 귀신을 쫓는다 해서 장독대, 대문에 뿌리기도 한다. 오늘까지 전승되고 있다.

책력이라 하여 『동국세시기』에 "관상감에서는 달력을 올린다. 그러면 횡장력과 백장력을 나누어주는데, 천하가 태평함을 뜻하는 임금님의 도장을 찍었다"고 하였다. 황감제는 매년 동지 무렵 제주목에서 진상한 귤, 유자, 귤감 등의 특산물을 궁에서 대묘에 올렸다가 신하들에게 나누어주는 풍속이다.

② 섣달그믐

납월이라 하며 섣달그믐을 재석, 세제, 세진, 작은설이라고도 한다. 일 년을 보내는 마지막 날로 다음날 새해 준비와 지난 한 해의 끝맺음을 하는 분주한 날이다.

납향이란 그해에 지은 농사 상황과 여러 가지 일에 대하여 신에게 고하는 제사인데 제물로는 납육이 쓰였고, 납육은 납향에 쓰인 산짐승 고기로 산돼지와 산토끼를 말한다. 또 납일에는 참새잡이를 하는 풍속이 있었는데, 이날 참새고기를 먹으면 병이 없다고 했다. 이날 새를 잡지 못하면 소나 돼지고기를 먹었다. 또 섣달그믐날 집 안팎으로 대청소를 하였다. 또 섣달그믐날 한밤중에 마당에 불을 피운 후 생대를 불에 피운다. 그러면 대마디들이 요란스러운 소리를 내면서 터진다. 이것을 폭죽이라 불렀는데 이렇게 하면 집안의 악귀들이 놀라서 달아나게 되므로 집안이 깨끗해지고 무사태평하게 된다는 것이다. 또 섣달그믐날 저녁에 사당에 절을 하고 설날 세배하듯 절을 하는데 이를 묵은세배라고 한다.

또한 골동반(비빔밥)이라 하여 남은 음식은 해를 넘기지 않는다는 뜻으로 밥에 쇠고기볶음, 육회, 튀각, 갖은 나물 등을 섞어 참기름과 양념으로 비벼 먹었다.

명절음식과 시절음식

달	명절 및 절후명	음식의 종류
1월	설 날	떡국, 만두, 편육, 전유어, 육회, 누름적, 떡찜, 잡채, 배추김치, 장김치, 약식, 정과, 강정, 식혜, 수정과
	대보름	오곡밥, 김구이, 건나물, 약식, 유밀과, 원소병, 부럼, 나박김치
2월	중화절(한식)	약주, 생실과(밤, 대추, 건시), 포(육포, 어포), 절편, 유밀과
3월	삼짓날(성묘일)	약주, 생실과(밤, 대추, 건시), 포(육포, 어포), 절편, 화전(진달래), 조기면, 탕평채, 화면, 진달래화채
4월	초파일 (석가탄신일)	느티떡, 쑥떡, 국화전, 양색주악, 생실과, 화채(수정과, 순채, 책면), 웅어회, 도미회, 미나리강회, 도미찜
5월	단오 (5월 5일)	증편, 수리취떡, 생실과, 앵도편, 앵도화채, 제호탕, 준치만두, 준치국
6월	유두(6월 6일)	편수, 깻국, 어선, 어채, 구절판, 밀쌈, 생실과, 화전(봉선화, 감꽃잎, 맨드라미), 복분자화채, 보리수단, 떡수단
7월	칠석(7월 7일)	깨찰편, 밀설기, 주악, 규아상, 떡국, 깻국탕, 영계찜, 어채, 생실과(참외), 열무김치
	삼복	육개장, 잉어구이, 오이소박이, 증편, 복숭아화채, 구장
8월	한가위(8월 보름)	토란탕, 가리찜(닭찜), 송이산적, 잡채, 햅쌀밥, 김구이, 나물, 생실과, 송편, 밤단자, 배화채, 배숙
9월	중양절(9월 9일)	감국전, 밤단자, 화채(유자, 배), 생실과, 국화주
10월	무오일	무시루떡, 감국전, 무오병, 유자화채, 생실과
11월	동지	팥죽, 동치미, 생실과, 경단, 식혜, 수정과, 전약
12월	섣달그믐	골무병, 주악, 정과, 잡과, 식혜, 수정과, 떡국, 만두, 골동반, 완자탕, 각색전골, 장김치

5장
향토음식

1. 향토음식의 개요

음식의 맛은 그 지방의 풍토 환경과 사람들의 품성을 잘 나타낸다고 할 수 있다. 한반도는 남북으로 길게 뻗은 지형이며, 동쪽, 남쪽, 서쪽은 바다에 둘러싸이고 북쪽은 압록강, 두만강에 임한다. 동서남북의 지세 기후 여건이 매우 다르므로, 그 고장의 산물은 각각 특색이 있다.

북쪽은 산간지대, 남쪽은 평야지대여서 산물도 서로 다르다. 따라서 각 지방마다 특색 있는 향토음식이 생겨나게 되었다. 지금은 남북이 분단되어 있는 실정이지만 조선시대의 행정 구분을 보면 전국을 팔도로 나누어 북부지방은 함경도, 평안도, 황해도, 중부지방은 경기도, 충청도, 강원도, 남부지방은 전라도, 경상도로 나누었다. 당시엔 교통이 발달하지 않아 각 지방 산물의 유통범위가 매우 좁았다. 지형적으로 북부지방은 산이 많아 주로 밭농사를 하므로 잡곡의 생산이 많고, 서해안에 접해 있는 중부와 남부 지방은 주로 쌀농사를 한다. 북부지방은 주식으로 잡곡밥, 남부지방은 쌀밥과 보리밥을 먹게 되었다.

좋은 반찬이라 하면 고기반찬을 꼽으나 평상시의 찬은 대부분 채소류 중심이고, 저장하여 먹을 수 있는 김치류, 장아찌류, 젓갈류, 장류가 있다. 산간지방에서는 육류와 신선한 생선류를 구하기 어려우므로 소금에 절인 생선이나 조개류, 해초가 찬물의 주된 재료였다. 지방마다 음식의 맛이 다른 것은 그 지방 기후와도 밀접한 관계가 있다. 북부지방은 여름이 짧고 겨울이 길어서, 음식의 간이 남쪽에 비하여 싱거운 편이고 매운맛도 덜하다. 음식의 크기도 큼직하고 양도 푸짐하게 마련하여 그 지방 사람들의 품성을 나타내

준다. 반면에 남부지방으로 갈수록 음식의 간이 세면서 매운맛도 강하고, 조미료와 젓갈류를 많이 사용한다.

2. 지역별 향토음식

1) 함경도 음식

함경도는 콩의 맛이 뛰어나고 잡곡의 생산량이 많다. 함경도와 닿아 있는 동해안은 한류와 난류가 교류하는 세계 3대 어장의 하나로 명태, 청어, 대구, 정어리, 삼치 같은 여러 가지 생선들이 두루 잘 잡힌다. 잡곡이 풍부하여 주식은 기장밥, 조밥 같은 잡곡밥이 많으며, 쌀, 조, 기장, 수수는 매우 쫄깃쫄깃하고 구수하다. 감자, 고구마도 질이 우수하므로 녹말을 만들어 냉면과 국수를 해서 먹는다. 음식의 모양은 큼직하고 대륙적이며, 장식이나 기교를 부리지 않고 소박하다. 북쪽으로 올라갈수록 날씨가 추워, 고기나 마늘 등의 몸을 따뜻하게 해주는 음식을 즐긴다. 다저기(다대기)라는 말은 이 고장에서 나온 것으로 고춧가루에 같은 양념을 넣어 만든 양념의 고유어이다. 가자미식해가 가장 유명하고, 감자농마국수, 강냉이농마지짐, 장국밥, 감자떡, 귀밀떡, 갓김치 등이 있다.

함경도 회냉면은 홍어, 가자미 같은 생선을 맵게 한 회를 냉면국수에 비벼 먹는 독특한 음식이다. 함경도의 가장 추운 지방은 영하 40도까지 내려가기도 한다. 그래서 김장을 11월 초순부터 담그며, 젓갈은 새우젓이나 멸치젓을 약간 넣고 소금 간을 주로 한다.

그리고 동태나 가자미, 대구를 썰어 깍두기나 배추김치 포기 사이에 넣는다. 김칫국은 넉넉히 붓는다. 동치미도 담가 땅에 묻어놓고, 살얼음이 생길 때쯤 혀가 시리도록 시원한 맛을 즐긴다. 이 동치미 국물에 냉면을 말기도 한다. 콩이 좋은 지방이라 콩나물을 데쳐서 물김치도 담근다.

2) 평안도 음식

남한에서 전라도 음식을 꼽는다면 북에서는 평안도 음식이 맛으로는 으뜸이다. 예부터 중국과의 교류가 많은 지역으로, 평안도 사람의 성품은 진취적이고 대륙적이다. 따라서 음식솜씨도 먹음직스럽고 크게 하며 푸짐하게 많이 만든다. 서울 음식이 크기를 작게 하고 기교를 많이 부리는 것과는 매우 대조적이다. 곡물음식 중에서는 메밀로 만든 냉면과 만둣국 등 가루로 만든 음식이 많다. 겨울에 추운 지방이어서 기름진 육류음식도 즐기고, 밭에서 많이 나는 콩과 녹두로 만드는 음식도 많다. 음식의 간은 대체로 심심하고 맵지도 짜지도 않다. 예쁜 것보다 소담스럽게 만들어 많이 먹는 것을 즐긴다.

3) 황해도 음식

황해도는 북부지방의 곡창지대로, 쌀 생산이 풍부하고 잡곡의 생산도 많다. 인심이 좋고 생활이 윤택하여 음식의 양도 풍부하며 요리에 기교를 부리지 않아 구수하면서도 소박하다. 만두도 큼직하게 빚고 밀국수를 즐겨 먹는다. 간은 짜지도 싱겁지도 않아, 서해를 끼고 있는 충청도 음식의 간과 비슷하다.

김치에 독특한 맛을 내는 고수와 분디라는 향신채소를 쓴다. 미나리과에 속하는 고수는 강한 향이 나는 것으로, 중국에서는 향초라고 한다. 서울이나 다른 지방 사람에게는 잘 알려지지 않았지만 배추김치에는 고수가 좋고, 호박김치에는 분디가 제일이다. 호박김치는 충청도처럼 늙은 호박으로 담가 그대로 먹는 것이 아니라 끓여서 익혀 먹는다. 김치는 맑고 시원한 국물을 넉넉히 하여 만드는데, 특히 동치미 국물에 찬밥을 말아 밤참으로 먹는다.

4) 강원도 음식

영서지방과 영동지방에서 나는 산물이 크게 다르고 산악지방과 해안지방도 크게 다르다. 음식이 사치스럽지 않고 극히 소박하며 먹음직스럽다. 감자, 옥수수, 메밀을 이용한 음식이 다른 지방보다 매우 많다. 산악이나 고원지대에는 옥수수, 메밀, 감자 등이 많이 나는데, 쌀농사보다 밭농사가 더 많다. 산에서 나는 도토리, 상수리, 칡뿌리, 산채 등이 옛날엔 구황식물에 속했지만, 지금은 널리 이용하는 음식이 많다. 해안에서는 생태, 오징어, 미역 등 해초가 많이 나서 이를 가공한 황태, 건오징어, 건미역, 명란젓, 창란젓을 잘 담근다. 산악지방은 육류를 쓰지 않고 소(素)음식이 많으나, 해안지방에서는 멸치나 조개 등을 넣어 음식 맛이 특이하다.

5) 경기도 음식

경기도는 옛 수도 개성을 포함하고 서울을 둘러싸고 있는 지형으로 산과 바다로 접해 있으며 한강을 끼고 있어 선사시대부터 수렵, 어업, 농경의 풍부한 물자와 다채로운 식재료에 의해 우리 민족의 우수한 식문화를 유지하고 있다. 남쪽과 북쪽의 극단적인 기후분포가 없이 온화하여 맛에서도 온화함이 주종을 이룬다. 호화롭고 사치한 개성음식을 제외하고는 대체로 수수하고 소박한 음식이 많으며, 간은 중간 정도이고 양념은 쓰지 않는 편이다. 곡물음식으로 오곡밥과 찰밥을 즐기고, 국수는 해물칼국수를 즐기며 구수한 음식이 많다. 농산물이 풍부하여 개성의 화려한 떡이 많이 발달하였다.

6) 서울 음식

우리나라에서 서울, 개성, 전주의 음식이 가장 화려하고 다양하다. 조선시대 초기부터 한양으로 도읍지를 옮겨, 아직도 한국음식에는 조선시대풍의 요리가 남아 있다. 왕족과 양반계급이 많이 살던 한양은 격식이 까다롭고 맵시도 중히 여기며, 의례적인 것을 중요시하였다. 음식의 간은 짜거나 맵지 않고, 대체적으로 중간의 간을 지니고 있다.

사치스러운 요리로는 신선로가 손꼽히며, 장국밥, 설렁탕, 약밥 등이 있고 육포, 어포, 홍합초 등 밑반찬이 유명하다. 양념은 곱게 다져서 쓰고, 음식의 양은 적으나 가짓수를 많이 만든다. 북부지방의 음식이 푸짐하고 소박한 데 비하여, 모양을 예쁘고 작게 만들어 멋을 많이 낸다. 궁중음식은 양반집에 많이 전해져, 서울 음식은 궁중음식을 많이 닮았으며 반가음식도 매우 다양했다.

7) 충청도 음식

농업이 주가 된 지역으로 쌀, 보리, 고구마, 무, 배추 등이 생산되고, 서쪽 해안지방은 해산물이 풍부하다. 충청도 사람들의 소박함 그대로 별로 꾸미지 않는 음식이 많다. 충북 내륙에는 산채와 버섯이 많으며 그 솜씨가 일품이다. 충남은 수산물이 많으나, 내륙지방인 충남은 그렇지 못하여 자반, 젓갈이 고작이지만, 산야에서 채취한 향기로운 산채버섯이 일품이다.

8) 경상도 음식

해산물이 풍부하고, 경상남북도를 흐르는 낙동강은 풍부한 수량으로 기름진 농토를 만들어 농산물도 넉넉하다. 동쪽과 남쪽의 바다에서는 싱싱한 생선과 해조, 산지에서는 향기로운 산채를 손쉽게 얻을 수 있다. 젓갈은 멸치젓을 많이 쓰고, 그 종류는 전라도 다음으로 다양하다. 또 이곳에서는 국수를 즐기는데, 날콩가루를 섞어서 손으로 밀어 칼로 써는 칼국수를 제일로 치고, 장국국수에는 쇠고기보다 멸치나 조개를 많이 쓴다. 그리고 진주비빔밥에는 선짓국이 따르고, 동래파전은 햇미나리, 햇파, 생굴, 고동, 조개무리 등으로 만든다. 경상도 추어탕은 삶은 미꾸라지를 굵은 체에 담아 주걱으로 으깨고 국물을 받아서 쓰는 것이 서울 추어탕과 다른 점이며, 된장 한 숟가락으로 미꾸라지의 비린내를 가시게 한다. 음식 맛은 맵고 짜다.

9) 전라도 음식

전라도 음식은 전주와 광주를 중심으로 발달하였으며, 음식이 사치스럽기가 개성과 맞먹는다. 기름진 호남평야를 안고 있어 농산물이 풍부하며, 산채와 과일, 해산물이 고루 풍족하다. 콩나물 기르는 법이 독특하고, 고추장과 술맛이 좋으며, 상차림의 가짓수도 전국에서 단연 제일이다. 특히 음식솜씨를 다투어 온 혼인의 이바지음식이 화려하게 발달했다. 젓갈은 간이 매우 세고, 김치에는 고춧가루를 많이 쓰며, 국물이 없는 김치를 담근다. 전주의 비빔밥, 콩나물국밥 등 전국적으로도 가장 뛰어난 향토음식이 있으며, 맛의 고장이다. 풍부한 곡식과 해산물, 산채 등으로 다른 지방보다 재료도 매우 많고, 음식에 매우 정성을 들이며 사치스럽다.

10) 제주도 음식

제주도는 지형적으로 해촌, 양촌, 산촌으로 구분하여, 그 생활형태에 차이가 있다. 양촌은 평야 식물지대로 농업을 중심으로 생활하고 있으며, 해촌은 해안에서 고기를 잡거나 해녀로 잠수어업을 하며 해산물을 얻는다. 주재료는 해초와 된장으로 맛을 내며, 수육으로는 돼지고기와 닭을 많이 쓴다. 쌀이 귀하여 잡곡이 주식을 이루고, 고기는 돼지고기, 닭고기를 많이 쓰며 귤과 오미자가 많이 생산된다. 한라산의 고사리와 버섯은 전을 부쳐 먹으며, 제주도에서만 잡히는 자리돔으로 자리회, 자리젓갈을 만든다. 해산물이나 닭으로 죽을 끓이기도 하고, 배추, 콩잎, 무, 파, 호박, 미역, 생선으로 만든 토장국이 별미이기도 하다. 제주도 명물요리의 하나로 빙떡이 있는데 이것은 반죽한 메밀을 기름 두른 팬에 얇고 둥글게 지지고, 식기 전에 무채소를 넣고 김밥 말듯이 말아 모양 있게 두 기둥을 꼭 눌러 내놓는 것으로 양념장에 찍어 먹는다.

6장
사찰음식

1. 사찰음식의 개요

사찰음식이란 절에서 만들어 먹는 음식으로, 한국음식에서는 궁중음식과 사찰음식을 특수음식으로 분류하고 있다. 사찰음식은 불교가 국교인 국가 중에서 대승불교의 국가에서 주로 잘 발달되어 왔다. 우리나라에 불교가 전래된 지 1600여 년이 되었으므로 우리나라 사찰음식의 역사도 그와 같다고 할 수 있다. 그러므로 사찰음식의 유래를 거슬러 올라가 보면 수천 년 전부터 전해 내려오는 우리 고유의 전통음식이 될 것이다.

신라를 비롯하여 고려 500년 동안 불교가 국교였다는 사실은 우리의 먹거리에 불교적인 요소가 얼마나 큰 비중을 차지하고 있는지를 가늠할 수 있게 한다. 따라서 사찰음식을 제대로 찾아 조리법을 유지, 보존하는 것이야말로 우리의 전통문화를 계승하는 지름길이라 할 수 있다. 사찰음식은 일반 가정과는 달리 매우 다양한 식물성 식품을 음식의 재료로 이용한다. 특히 콩이나 콩제품을 많이 이용함으로써 부족되기 쉬운 단백질을 효과적으로 섭취하고 있으며, 전이나 튀김 등의 기름을 사용하는 조리법을 통해 필요한 에너지를 충당하고 있다.

2. 사찰음식의 특징

사찰음식은 담백하고 깔끔한 것이 특징이며 갖은 양념이 들어가지 않아 각 재료의 맛을 제대로 살릴 수 있다. 절에서는 우유 외에 동물성 식품을 사용하지 않나, 즉 오신채

(마늘, 파, 달래, 부추, 홍거)와 산 짐승을 뺀 산채, 들채, 나무뿌리, 나무껍질, 해초류, 곡류 등으로 음식을 만들고 조리방법 역시 간단하게 주재료의 맛과 향을 살리도록 한다. 불교의 기본 정신인 간소함, 검허함이 음식에도 나타나는 것으로, 자극적인 양념 없이 재료 그 자체만의 맛을 살리는 조리법으로 최고의 맛을 내는 것이 사찰음식의 특징이다. 동물성 식품을 금지하는 이유는 살생을 하지 말라는 부처님 말씀에 따른 것이고, 오신채를 금하는 이유는 날것으로 먹으면 성내는 마음이 일어나기 때문이다. 사찰음식에는 인위적인 조미료 또한 넣지 않는다. 사찰음식은 주재료의 맛을 살리기 위해 불가피한 경우가 아니면 마늘을 넣지 않고 다른 향신료를 이용해서 맛을 낸다. 조리도 한정되어 있으며 만드는 법도 상당히 간단하다. 조리방법으로는 생무침, 데쳐서 무치기, 국, 찌개, 튀각, 튀김, 찜, 삶기, 장아찌, 떡, 식혜, 정과, 유과, 차, 엿, 김, 묵, 죽 등이 있다.

절이 속한 지방에 따라 기후, 산물, 조리법이 다르다. 서울은 간장으로 간을 맞추는 맑은장국을 많이 끓이고, 된장과 고추장을 함께 섞어 간을 맞추는 토장국을 끓인다. 국물의 맛을 좋게 하기 위해서는 다시마나 표고버섯, 능이버섯 등을 넣고 끓인다. 그리고 된장찌개를 끓일 때 향이 강한 방아잎을 넣거나 조핏가루를 넣기도 한다.

1) 사찰음식의 양념

파나 마늘을 사용하지 않고 짠맛은 주로 간장, 된장, 고추장, 소금 등을 쓰고, 단맛은 꿀, 황설탕, 백설탕, 물엿 등을 쓰며, 매운맛은 생강, 고춧가루, 홍고추, 풋고추, 조피잎이나 조핏가루, 그리고 후춧가루와 겨자가 쓰인다. 신맛을 내는 데는 식초, 고소한 맛을 내는 데는 참깨, 들깨, 참기름, 들기름, 콩기름 등의 식용유, 그 밖에 맛을 좋게 하기 위해 다시마, 표고버섯, 능이버섯, 참죽가지 말린 것, 무를 사용한다. 향기와 맛을 향상시키기 위하여 산초, 초피, 방아, 들깨즙, 다시마, 무, 늙은 호박, 과일 등을 사용한다. 짠맛을 내는 조미료는 간장, 소금, 된장, 고추장 등이다. 조미료로 버섯이 많이 사용되는데, 표고버섯은 마른 표고를 불려서 쓰는 것이 맛이 좋다. 그 외에 능이버섯, 다시마, 무, 참죽가지 말린 것이 있다. 버섯가루를 만들 때 말린 표고버섯을 곱게 갈아 가루로 만들어 찌개나 조림 등에 사용한다. 들깻가루는 들깨를 가루로 만들어 나물무침이나 국을 끓일 때 넣는다. 방아잎은 잎을 말려서 국이나 찌개에 넣어 맛을 낸다. 다시마국물은 다시마를 물에 담가 우려낸 것인데, 국물로 사용하거나 찌개를 끓일 때 사용된다. 날콩가루는 콩을 말려서 빻아 만든 것으로, 쑥국이나 김치찌개를 끓일 때 넣으면 구수한 맛을 즐길 수 있다.

호두, 잣은 나물을 무칠 때나 죽을 쑬 때 사용하는데, 호두와 잣은 사용 직전에 갈아서 사용해야 고소하다. 다시마가루는 다시마를 곱게 갈아서 조림이나 차를 끓일 때 사용한다.

2) 절에서 나는 채소

몇 가지 산나물과 채소를 식품영양학적으로 고찰하면 다음과 같다.

① 산머위 : 칼슘이 많고 비타민이 다량 들어 있는 알칼리성 식품이다.

② 더덕 : 폐와 비장, 신장을 튼튼하게 해주며, 성인병 예방에 유효하다.

③ 토란 : 소화가 잘되고, 변비 치료에 좋은 알칼리성 식품으로 성인병 예방과 미용에 좋다.

④ 연근 : 피로회복, 신경안정, 위궤양, 심장병에 좋은 미용 건강식이다.

⑤ 상수리 : 떫은맛은 약간 있으나 비만에 좋으며, 해독작용이 있는 산나물이다.

⑥ 산초 : 향이 좋아 식욕을 좋게 하며 복통치료에 효과가 있다.

⑦ 돌나물 : 비타민이 풍부하여 혈압강하, 해열, 일사병, 숙취 등에 특효가 있다.

⑧ 쑥 : 무기질과 비타민 함량이 좋고 혈압을 내리게 하는 효과가 있다.

⑨ 돌미나리 : 간염, 간암에 좋고 혈압을 내리게 하는 효과가 있다.

⑩ 나물로 많이 무쳐 먹는 산나물 : 원추리, 수리취, 울릉도취, 머위순, 무싯대, 무릇 뿌리, 무릇, 미역취, 맹이, 호박꽃, 둥굴레싹 등이 있다.

7장
발효음식

1. 발효음식의 개요

우리 조상들은 오래전부터 자연환경에 알맞은 전통발효식품(傳統醱酵食品)을 만들어 왔으며, 현재 우리의 식생활에서 중요한 몫을 차지하고 있다.

이러한 발효식품은 병원성 미생물과 유독물질을 생성하는 생물체의 발육을 억제하고, 병원성 유해 미생물의 오염을 막아 음식의 맛과 향기를 향상시킬 수 있다.

발효된 식품은 미생물의 효소활성에 의하여 원료보다 더 바람직한 식품으로 전환된 것이며, 영양가치와 저장성이 원료보다 더 개선된 것으로, 전통적인 제조방법은 복잡하지 않고 비싼 기구가 요구되지도 않는다.

우리나라는 일찍부터 농경을 시작하여 곡물음식이 발달하였다. 또한 높은 저장기술로 각종 곡류나 두류, 채소류, 어패류를 이용한 저장 발효음식이 많이 나왔으며, 양조기술이 발달하여 술은 통일신라시대 이전에 이미 완성단계에 접어들었다. 이는 농작물의 재배로 농경의례(農耕儀禮), 고사행위, 토속신앙을 배경으로 한 각종 행제(行祭), 무속행위, 부락제 같은 의식에서 이미 술을 빚었고, 콩의 재배로 장류의 발생도 자연적으로 이루어졌다. 채소가 재배되지 않는 겨울철의 저장을 위해 염장했던 데서 김치류가 생겨났고, 삼면이 바다인 자연적인 지형으로 염장생선에서 발효된 젓갈류 등이 발달하게 되었다.

이와 같은 염장기술과 양조기술의 조기 정착으로, 또한 이들의 융합기술에 의해 장류, 김치류, 젓갈류, 식초류, 주류 등의 저장 발효식품 문화권이 정립되었다.

초기의 우리 조상들은 유목계로 가축을 많이 사육하면서 단백질을 주로 섭취했다. 신석기 후기(기원전 2303년)에는 중국의 농경문화가 유입되었고 곡류를 주로 섭취하면서 대두재배를 통한 장류를 담그기 시작했다.

장류는 삼국시대에 이르러 기본식품이 되었으며, 『해동역사(海東繹史)』(1765년)를 보면 발해의 명물로 책성(수도)의 '시'를 들고 있다. 시(豉)란 콩 찐 것에 소금을 혼합하여 어두운 곳에서 발효시킨 청국장·된장의 원료가 되는 짠맛의 메줏덩이를 말한다. 이 기록으로 보아 고구려 사람들이 3세기경 콩으로 장류를 만들었으며, 이것이 중국으로 건너갔다가 통일신라시대인 8세기경에는 일본으로 건너간 것으로 추정된다. 삼국시대에는 젓갈류와 술을 만들었고, 주식(밥)과 부식(반찬)이 분리되었다고 전해진다. 또한 무, 가지 등을 소금에 절여 먹는 일종의 김치를 제조했음을 짐작할 수 있다.

그 후 통일신라시대에는 차문화(茶文化)가 성행하였으며, 초기에 혼용장(混用醬), 간장과 된장이 따로 분리된 단용장(短用醬)이 만들어졌다.

고려시대에는 불교 융성과 사찰음식의 발달로 식물성 식품의 섭취가 증가되어 채소를 이용한 나물, 부각, 튀김, 장아찌 등의 음식이 보편화되었다. 이규보(1168~1241년)가 고려 중엽에 지은 『동국이상국집(東國李相國集)』에는 장아찌에 대해 "무청을 장 속에 박아 넣어 여름철에 먹고 소금에 절여 겨울에 대비한다"는 기록이 있다.

그 후 조선시대로 들어서면서 조선왕조는 유교를 숭상하게 되어 식생활도 숭유주의의 영향을 크게 받게 되었으며, 차문화(茶文化)가 점차 쇠퇴하게 되었다.

농경을 중시하여 곡식과 채소의 생산이 늘어나게 되었으며, 식생활문화가 발달하면서 한글 조리서인 『음식디미방(飮食知味方)』(1670년), 『규합총서(閨閤叢書)』(1809년) 등이 나오고 밥, 국, 김치, 반찬으로 식단이 체계화되고 상차림의 구성법이 정착되었다.

조선시대에는 남방에서 고추가 유입되어 새로운 '김치문화'가 형성되었는데, 『지봉유설(芝峯類說)』(1614년)에 "고추가 일본에서 건너온 것이니 왜개자(倭芥子)라고 하는데 요즘 이것을 간혹 재배하고 있다."라는 기록으로 보아 일본에서 들어온 것으로 보인다. 붉은 색깔의 고추를 넣고 여기에 채소와 젓갈을 결합시켜 김치를 만들었으니, 우리 조상이 개발한 콩으로 만든 장(醬)과 더불어 김치는 우리의 대표적인 음식이 되었다. 『동국세시기(東國歲時記)』(1849년)에서 "장 담그기와 김장은 우리네 가정의 연중 2대 행사"라고 지적하고 있다. 이렇게 볼 때 우리의 음식문화사(飮食文化史)란 유구한 역사와 함께 이루어진 자랑스런 우리의 '민족문화사(民族文化史)'라고 할 수 있다.

2. 발효음식의 종류

1) 간장

간장의 맛이 없으면 그해에 큰 재해가 온다고 할 만큼 간장 담그기는 우리 가정주부들의 큰 연중행사의 하나가 되어 왔으며, 그 집의 장맛으로 음식의 솜씨도 가늠하였다. 우리나라 고유의 간장과 된장은 콩과 소금을 주원료로 하여 콩을 삶아 이것을 띄워 메주를 만들고, 메주를 소금물에 담가 발효시킨 후의 여액을 간장이라 하고, 나머지 찌꺼기를 된장이라 하여 식용해 왔다. 간장의 주재료로 사용하는 콩과 밀의 재배시기는 철기시대 무렵이며, 부여국이 콩과 밀의 명산지로 걸쭉한 장류를 담갔고, 삼국시대에는 메주를 쑤어 몇 가지 장을 담가 맑은 장을 떠서 사용하였다는 기록이 있다. 『삼국지 위지동이전』에 보면 고구려에서 장을 담근 기록이 있다. 『제민요술』에는 신라 신문왕 3년(683년) 왕비를 맞이할 때의 폐백품목으로 기록되어 있고, 조선 중엽의 『산림경제』에 의하면 간장을 청장이라 부르고 콩을 원료로 사용하였다는 기록이 있다. 간장은 단백질과 아미노산이 풍부한 콩으로 만들어지는 발효식품으로, 불교의 보급과 더불어 육류의 사용이 금지됨으로써 필요에 의해 발생하였다고 볼 수 있다. 간장은 훌륭한 단백질 공급원이며 오래도록 저장이 가능한 식품이다.

2) 된장

된장은 예부터 '오덕(五德)'이라 하여 "첫째, 단심(丹心) : 다른 맛과 섞어도 제맛을 낸다. 둘째, 항심(恒心) : 오랫동안 상하지 않는다. 셋째, 불심(佛心) : 비리고 기름진 냄새를 제거한다. 넷째, 선심(善心) : 매운맛을 부드럽게 한다. 다섯째, 화심(和心) : 어떤 음식과도 조화를 잘 이룬다"고 하여, 우리나라의 전통식품으로 구수한 고향의 맛을 상징하게 된 식품이라 할 수 있다.

초기의 된장은 간장과 된장이 섞인 것과 같은 걸쭉한 장이었으며, 삼국시대에는 메주를 쑤어 몇 가지 장을 담그고 맑은 장도 떠서 썼을 것으로 추측하고 있다. 그 후대에 이르러 더욱 계승 발전되었고, 『제민요술(齊民要術)』(530~550년)에 만드는 방법도 기록되어 있다. 된장은 '된(물기가 적은, 점도(粘度)가 높은)장'이라는 뜻이 되는데, 토장(土醬)이라고도 하여 청장(淸醬, 간장)과 대조를 이룬다. 8, 9세기경에 장이 우리나라에서 일본으로 건너갔다는 기록이 많다. 『동아(東雅)』(1717년)에서는 "고려의 醬인 末醬이 일본에 와서 그 나라 방언대로 미소라 한다"고 하였고, 그들은 미소라고도 부르고, 고려장(高麗醬)이라고도 하였다. 옛날 중국에서는 우리 된장 냄새를 고려취(高麗臭)라고도 했다.

조선시대에 들어와서는 장 담그는 법에 대한 구체적인 문헌이 등장하는데, 『구황보유방(救荒補遺方)』(1660년)에 의하면, "메주는 콩과 밀을 이용하여 만들어져 오늘날의 메주와 크게 다르다"고 하였다. 콩으로 메주를 쑤는 법은 『증보산림경제』(1766년)에서 보이기 시작하여 오늘날까지도 된장 제조법의 기본을 이루고 있다.

3) 고추장

고추장은 콩으로부터 얻어지는 단백질원과 구수한 맛, 찹쌀·멥쌀·보리쌀 등의 탄수화물식품에서 얻어지는 당질과 단맛, 고춧가루로부터 붉은색과 매운맛, 간을 맞추기 위해 사용된 간장과 소금으로부터는 짠맛이 한데 어울린, 조화미(調和美)가 강조된 영양적으로도 우수한 식품이다. 고추장은 고추가 유입된 16세기 이후에 개발된 장류로서 조선 후기 이후 식생활 양식에 큰 변화를 가져왔다. 고추는 임진왜란(1592년)을 전후하여 일본으로부터 우리나라에 전래되었다고 전해진다. 따라서 초기의 이름도 왜개자(倭芥子)라 불리었고, 귀한 식품이라 하여 번초약초라 불리었으며, 고추라는 이름은 후춧가루와 비슷하면서 맵다 하여 매운 후춧가루라는 의미에서 붙여진 것이라 한다. 초기 고추의 사용은 술 안주로 고추 그 자체를 사용하거나, 고추씨를 사용하다가 17세기 후기경에는 고추를 가루로 내어 이전부터 사용했던 향신료인 후춧가루, 천초(초피나무 열매 껍질)를 사용했다. 천초를 섞어 담근 장을 천초장(川椒醬)이라고 한다. 고추재배의 보급으로 일반화되어 종래의 된장, 간장 겸용장에 매운맛을 첨가시키는 고추장 담금으로 변천 발달되었다. 『규합총서(閨閤叢書)』(1809년)에 기록된 고추장은 좀 더 진보된 형태로서, 고추장 메주를 따로 만들어 담그는 방법과 소금으로 간을 맞추는 방법 등 현재의 고추장 담금법과 같은 방법이 사용되었으며, 꿀·육포·대추를 섞는 등 현재보다 더욱 화려한 내용의 고추장 담금법을 제시하고 있다. 소금 대신 청장으로 간을 맞추는 방법은 보다 질 좋은 고추장을 만드는 방법이라 하겠다. 그 후 고춧가루의 사용량이 점차 늘어나 현재와 같이 식성대로 넣도록 권장하고, 또한 청장을 이용하여 간을 맞추던 방법이 점차 소금물로 바뀌어, 현재는 소금물로 간을 맞추는 방법이 주류를 이루는 것을 특징이라 할 수 있다.

4) 김치류

우리 민족은 오래전부터 채소염장법인 김치를 즐겨 왔다. 김치는 간단히 말하자면 일종의 발효채소라고 할 수 있으나, 오늘날 우리의 김치는 단순한 발효채소가 아니라 젓갈류, 양념, 향신료 등이 많이 가미된 우리 고유의 복합 발효식품이다. 김치에 관한 문헌상 최초의 기록은 약 3000년 전 중국 최초의 시집인『시경(詩經)』에 '저(菹)'라는 이름으로 처음 등장한다. 우리나라 문헌상에 최초로 김치가 등장한 것은 고려 중엽의 이규보(1168~1241)가 쓴『동국이상국집(東國李相國集)』의 시(詩)「가포육영(家圃六詠)」에 "장(醬)에 담그면 여름철에 먹기 좋고 소금에 절인 김치는 겨울 내내 반찬 되네. 뿌리는 땅 속에 자꾸만 커져 서리 맞은 것 칼로 잘라 먹으니 배 같은 맛일세."라는 문구가 실려 있다. 이 밖에도 외·가지·순무·파·아욱·박 등 여섯 가지 채소로 만든 김치가 기록되어 있는 것으로 보아 우리나라 김치의 원형은 대체로 약 800년 전으로 추정할 수 있다.

따라서 지금과 달리 고려시대의 김치는 장아찌와 소금절임의 형태였으며, 김치 담그기를 '염지(鹽漬)'라 하고 김치를 '지(漬)'라 하였으며 고춧가루나 젓갈을 쓰지 않고 소금에 절인 채소에 마늘과 같은 향신료(香辛料)를 섞어 재우는 형태라 해서 '침채(沈菜)'라는 특유한 이름을 붙이게 되었다. 지금도 전라도 일부 지방에서는 고려시대의 명칭을 그대로 따서 보통의 김치를 '지(漬)'라고 하며, 무나 배추 따위를 양념하지 않고 통으로 소금에 절여서 발효(醱酵)시켜 먹는 김치를 '짠지'라 하고 황해도와 함경남도에서는 보통의 김치를 '짠지'라고도 부른다. 오늘날의 김치는 배추통김치가 가장 주된 것이고 보편적이지만 그 이전에는 무·오이·가지·동아·파·미나리·갓 등이 김치의 주재료로 쓰였으며 조선시대에 오면서 양념채소로 바뀌었다. 또 이전의 배추는 품이 작고 속이 알차지 못해서 널리 즐겨 먹지 못하였으나, 속을 넣어 통김치를 담글 만큼 품종이 좋은 배추가 재배되기 시작한 것은 1902년경이다. 이때 비로소 통이 크고 알찬 통배추인 결구배추를 재배할 수 있게 되었다. 배추는 재배가 쉽고 단맛이 나서 절임에 알맞아 김치를 담그는 채소 중에서 가장 으뜸으로 여긴다.

5) 전통주류

술은 찹쌀을 쪄서 식힌 뒤 누룩과 주모(酒母)를 버무려 섞고 일정량의 물을 부어 발효시킨다. 혐기상태에서 열을 가하지 않더라도 어느 정도의 시간이 지나면 부글부글 끓어오르면서 거품이 괴어 오르는 화학적인 변화현상은, 옛사람들에게 참으로 신비롭고 경이로운 경험이 되었을 것이다. 이러한 현상을 보고 그들은 물에서 난데없이 불이 붙는다는 생각에서 '수불'이라 하였다. 우리나라의 전통술로는 탁주류, 청주·약주(淸酒·藥酒)류 등 다양한 술이 있다. 특히 우리나라의 전통주는 예로부터 춤과 노래를 함께 즐겨 온 민족성과 함께 약식동원(藥食同源)이라 하여 술에 솔잎·국화·쑥 등의 가향재(加香材)와 약재(藥材)를 넣어 향기와 약효를 우려낸 가향약주류(加香藥酒類)로까지 발전시켜 왔다.

6) 젓갈류

젓갈은 우리나라의 대표적인 수산발효식품으로 어패류의 육·내장 및 생식소 등에 비교적 다량의 식염을 첨가하여, 자가소화효소 및 미생물의 분해작용에 의해 알맞게 숙성되는 원리를 이용한 것이다. 젓갈은 제조공정이 단순하고 숙성 후의 제품은 독특한 감칠맛과 풍미(風味)가 있어 소화흡수가 잘 되므로 오늘에 이르기까지 밥반찬이나 김치를 담글 때 부원료나 조미료로 많이 애용되고 있다. 현재 젓갈은 반찬과 김장용으로 주로 쓰이며 술 안주, 찌개, 그리고 지방에 따라서는 젓국이 간장 대용으로 쓰이기도 한다.

7) 식초류

식초는 술이 산화 발효되어 신맛을 내는 초산을 주체로 한 발효양념으로, 사람이 만들어낸 최초의 조미료라고 할 수 있다. 이것은 자연발생적으로 만들어진 과실주(果實酒)가 발효되어 식초로 변했기 때문이다. 양조식초는 채소류나 해조류의 무침양념으로 쓰면 상큼한 신맛을 내며, 불쾌한 냄새를 없애고 채소의 신선함을 더해주는 역할을 한다. 생선음식에서 식초양념은 필수적이어서 육질에 긴장감을 줄 뿐만 아니라, 방부·살균작용을 하기 때문에 신선도를 유지해 주기도 한다.

8장
궁중음식

1. 궁중음식의 개요

궁중은 음식문화가 가장 발달한 곳으로 예로부터 우리나라는 왕권 중심의 국가여서 정치는 물론 문화적·경제적인 권력이 궁중에 집중되어 있어 자연히 식생활도 가장 발달하였다.

조선시대 이전의 궁중음식의 역사는 고려 말에서 조선시대 성종까지 기록된 『경국대전』을 통해, 조선시대 궁중음식의 역사는 『진찬의궤』, 『진연의궤』, 궁중의 음식 발기 『왕조실록』 등의 문헌을 통해 의례의 상세함과 특히 기명, 조리기구, 상차림 구성법, 음식의 이름과 재료 등을 잘 알 수 있다.

궁중음식은 각 지방에서 들어오는 최고급 진상품을 가지고 조리기술이 가장 뛰어난 주방상궁과 숙수들의 손에 의해 최고로 발달되고 가장 잘 다듬어져서 전승되어 왔다. 궁중음식이 사대부집이나 평민들의 음식과 판이하게 다른 것은 아니다. 궁중의 혼인이 왕족과 사대부가와의 결합이어서 왕족과 사대부가 사이에 교류가 생기면서 궁중음식이 사대부가에 전해졌으며 경우에 따라서는 궁중의 음식이 민가에 하사되고, 사대부가에서도 음식을 궁중에 진상하였기 때문이다.

궁중음식의 특징은 다음과 같다.
① 식재료가 다양하였다.
　각 지방의 특산물을 산출시기에 맞추어 신선한 재료 또는 가공물로 진상한다.

② 계절음식이 발달하였다.

계절에 처음 나온 과일이나 농산물을 신주나 조상께 먼저 제사지내는 천신(薦新)풍습이 있다.

③ 고임새 음식이 발달하였다.

궁중의 연회, 영접, 가례에서의 잔치로 인하여 발달하였다.

④ 뛰어난 조리인이 음식을 만들었다.

왕족에게 올리는 음식이기 때문에 뛰어난 조리인들에 의해 정성스럽게 만들어진 음식이다.

⑤ 육류음식이 발달하였다.

고기 음식을 제일이라 여기고 그중 쇠고기가 가장 많이 쓰였다.

⑥ 장을 다양하게 사용하였다.

진장, 중장, 청장으로 나누어 색과 염도를 조리법에 따라 달리 사용하였다.

⑦ 상차림의 종류가 다양하다.

⑧ 담담한 맛을 내고 강한 향신료를 쓰지 않고 매운 찬, 냄새가 나는 찬은 별로 없었다.

⑧ 재료 선택이 까다롭고 모양이 바르지 않은 채소나 생선은 쓰지 않고, 재료의 부위 중에서도 맛있는 부분을 골라 사용하였다.

⑩ 조리용어가 다르다 : 수라, 송송이, 조치, 조리개, 장과 등

⑪ 상차림과 식사예법이 엄하다: 시중드는 사람이 많다.

2. 궁중음식의 식생활

1) 수라상

궁중에서 수라상은 아침 10시, 저녁 5시 두 차례 올린다. 평상시의 수라상은 수라간에서 주방상궁들이 만들어 왕과 왕비께서 가가 동온돌과 서온돌에서 받으시며 결코 겸상하는 법이 없다. 그리고 왕족인 대왕대비전과 세자전은 각각의 전각에서 따로 살림을 하며 거기에 딸린 주방에서 만들어 올린다. 수라상에 올리는 찬물은 왕의 침전과 떨어진 곳에 위치한 수라간에서 지밀(至密)에 부속되어 있는 중간 부엌의 역할을 하는 퇴선간(退膳

間)에서 일단 받는다. 멀리 떨어진 안소주방(왕과 왕비의 조석 수라상을 관장하며 주식에 따르는 각종 찬품을 맡아 함)에서 음식을 만들어 운반하므로 음식이 차가워지면 퇴선간에서 다시 데워 수라상에 올린다. 수라는 이곳에서 지어 상을 차려서 올린다. 또한 수라를 드실 때 쓰이는 여러 가지 기명, 화로, 상 등도 관장한다.

2) 수라상의 찬품

평소의 수라상은 12첩반상 차림으로 흰밥과 붉은 팥밥, 미역국과 곰탕 및 조치, 전골, 젓국지 등의 기본 찬품과 12가지 찬물들로 구성된다. 기본음식으로 수라는 흰밥과 팥 삶은 물로 지은 찹쌀밥인 붉은 팥밥 두 가지를 수라기에 올려 선택할 수 있게 한다.

탕은 미역국과 곰탕 2가지를 모두 탕기에 담아 올려 그날 좋아하는 것을 골라서 드시도록 준비한다. 조치는 토장조치와 젓국조치 2가지를 조치보에 담고, 이외에 찜, 전골, 침채류, 장류 등이 기본음식이다. 장류는 청장, 초장, 윤집(초고추장), 겨자집 등으로 종지에 담아 낸다. 쟁첩은 더운 구이, 찬 구이, 전유화, 편육, 숙채, 생채, 조리개, 장과, 젓갈 등의 12가지 찬물을 다양한 식품재료로 이용하며 조리법도 각기 달리하여 만들어 담는다. 소원반에 숭늉도 같이 올린다.

3) 수라상의 기명

수라상은 큰 원반, 곁반인 작은 원반, 책상반의 3개 상으로 구성되어 있다. 대원반은 붉은 주칠의 호족반으로 중앙에 놓인다. 곁반으로 소원반과 책상반을 쓰는데 소원반은 대원반과 똑같은 모양으로 크기만 작다. 대원반에는 왕과 왕비가 앉아서 드시고 소원반과 책상반에는 상궁이 앉아 시중을 든다. 반상기는 철에 따라 그릇의 재질을 바꾸어 사용하는데, 추운 철인 추석부터 다음 해의 단오 전까지는 은 반상기나 유기 반상기를 사용하고, 더운 철인 단오에서 추석 전까지는 사기 반상기를 사용하여 음식을 시원하게 유지하였다. 수저는 계절에 상관없이 일 년 내내 은수저를 사용하였다. 수라는 주발 모양의 수라기에 담는다.

수라기는 모양이 주발 또는 바리합처럼 생긴 것도 있다. 탕은 수라기와 같은 모양인데 수라보다 크기가 작은 갱기에 담는다. 조치는 갱기보다 한 둘레 작은 그릇으로 토장조치는 작은 뚝배기에 올리기도 하였다. 찜은 대개 꼭지가 달린 뚜껑이 있는 대접인 조반기(早飯器)에 담고 젓국지, 송송이 등의 김치류는 쟁첩보다 큰 보시기에 담는다. 12가지 찬품은 쟁첩이라는 뚜껑이 덮인 납작한 그릇에 담고, 초장·청장·젓국·초고추장 등은 종지에 담는다. 차수는 보리, 흰콩, 강냉이를 볶아 끓인 곡차로 다관을 사용하는데 큰 대접에 담아 쟁반을 받쳐서 곁반에 올린다.

수라상의 찬품과 기명

궁중의 음식명			일반음식명	기명
기본 음식	수라	흰 밥, 붉은팥밥(2가지)	밥, 진지	수라기, 주발
	탕	미역국, 곰탕(2가지)	국	탕기, 갱기
	조치	토장조치, 젓국조치(2가지)	찌개	조치보, 뚝배기
	찜	찜(육류, 채소, 생선)	찜	조반기, 합
	전골	전골(재료, 전골틀, 화로 준비)	전골	전골틀, 합, 종지, 화로
	김치류	젓국지, 송송이, 동치미(3가지)	김치, 깍두기	김치보, 보시기
	장류	청장, 초장, 윤집, 겨자집 중(3가지)	장, 초장, 초간장, 초고추장, 겨자즙	종지
찬품 (12첩)	더운 구이	육류, 어류의 구이나 적	구이, 산적, 누름적	쟁첩
	찬 구이	채소, 김의 구이나 적	구이, 적	쟁첩
	전유화	육류, 어류, 채소의 전	전유어, 저냐, 전	쟁첩
	편육	육류 삶은 것	편육, 수육	쟁첩
	숙채	채소류를 익혀서 만든 나물	숙채(나물)	쟁첩
	생채	채소류를 날로 조미한 나물	생채	쟁첩
	조리개	육류, 어패류, 채소류의 조림	조림	쟁첩
	장과	채소의 장아찌, 갑장과	장아찌	쟁첩
	젓갈	어패류의 젓갈	젓갈	쟁첩
	마른 찬	포, 자반, 튀각 등의 마른 찬	포, 튀각, 자반	쟁첩
	별찬(1) 별찬(2)	육, 어패, 채소류의 생회, 숙회	회	쟁첩
	별찬수란	수란 또는 다른 반찬	–	쟁첩
차수	차수	숭늉 또는 곡물차	숭늉	다관, 대접

4) 수라상의 반배법

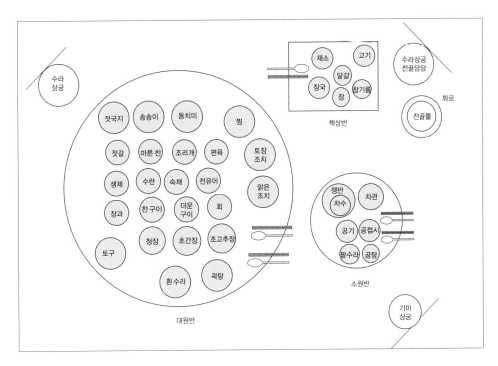

대원반

책상반: 채소, 고기, 달걀, 장국, 참기름, 장

수라상궁 전골담당

화로
전골틀

대원반: 젓국지, 송송이, 동치미, 찜, 젓갈, 마른찬, 조리개, 편육, 토장조치, 생채, 수란, 숙채, 전유어, 맑은조치, 장과, 찬구이, 더운구이, 회, 청장, 초간장, 초고추장, 토구, 흰수라, 곽탕

수라상궁

소원반: 쟁반, 차수, 차관, 공기, 공접시, 팥수라, 곰탕

기미상궁

• 대원반 앞줄의 왼쪽에 수라, 오른쪽에 탕을 놓는다.
• 청장, 초간장, 초고추장 등의 장류는 수라와 탕 뒤에 놓는다.
• 찜, 조치 등 더운 음식과 자주 먹는 음식은 오른쪽에 배치하고 젓갈이나 장과처럼 가끔 먹는 음식은 왼쪽에 배치한다.
• 김치류는 가장 뒤쪽에 놓는데 왼쪽부터 젓국지, 송송이, 동치미의 순서로 놓는다.

5) 수라상 예법

수라상이 다 차려져서 왕이 납시면 상궁은 "수라 나아오리이까?" 하고 아뢴 후 아랫사람에게 "수라 잡수오너라"라고 한다. 왕이 정좌를 하면 수라상궁이 그릇의 뚜껑을 열어 곁반에 놓는다. 그 후 기미상궁이 공접시에 찬물을 담아 먹은 후 왕에게 "젓수십시오"라고 아뢴다. 왕이 수라를 드실 때에는 휘건을 앞에 대어드리고 협자로 끼운다. 휘건은 분홍색 모시나 무명수건으로 사방 60cm 정도 크기로 만든 것으로 서양의 냅킨에 해당된다.

임금님은 수라상을 받으면 먼저 앞의 숟가락을 들고 대원반 가장 뒷줄의 오른쪽에 놓여 있는 동치미 국물을 한 수저 떠 마신 다음 수라기에서 밥을 한 술 떠놓고 계속 국을 한 수저 떠서 같이 먹는다. 홍반 잡숫기를 원하시면 백반과 미역국자리에 홍반과 곰국을 바꾸어 놓는다.

밥과 찬을 계속 먹다가 끝날 때 숭늉 대접을 국그릇 자리에 올리면 밥을 한 술 말아서 개운하게 먹고 수저를 제자리로 내려놓는다. 왕이 진지 드시는 도중에 기미상궁, 전골상궁, 수라상궁이 시중을 들면서 왕이 식사하시기 편하도록 시중을 든다.

6) 수라상의 기미(氣味)

왕이 수라를 드시기 직전에 옆에서 시좌하고 있던 기미상궁이 먼저 음식 맛 보는 것을 "기미를 본다"고 한다. 기미는 맛의 검식이라기보다 독의 유무를 검사하는 것이었으나 의례적인 것이 되었다. 기미상궁이 공접시에 반찬을 조금씩 골고루 덜어서 먼저 먹어보고 그 밖의 근시내인들과 애기내인들에게도 나누어준다.

기미용으로 수라상 위 곁반에는 왕의 수저 외에 여벌로 은 숟가락과 상아로 된 저와 조그만 그릇이 놓였다. 이 공저는 음식을 덜 때만 쓰는 것이지 먹을 때는 물론 손으로 먹는다고 하며 기미를 본 후에 기미상궁은 왕 옆에서 젓가락으로 왕이 식사하시기 편하도록 시중을 든다.

이와 같이 수라상이 들어오면 중간 지위쯤 되는 상궁이 상아 젓가락으로 은으로 된 공접시에 모든 음식을 고루 담고 우선 기미를 보는데 수라와 탕만은 기미를 보지 않았다고 한다.

기미를 보는 것은 상궁들에게는 인기 있는 직책이었는데 녹용이나 인삼과 같은 귀한 탕제를 올릴 때도 마찬가지로 기미를 본다.

7) 초조반상

이른 아침 7시 전에 드시는 조반이므로 초조반 또는 자릿조반이라고 하는데 보약을 드시지 않는 날에는 유동식으로 보양이 되는 죽, 응이, 미음 등을 주식으로 하여 간단하게 차린 상을 이른 아침에 드렸다.

죽으로는 흰죽, 잣죽, 낙죽(우유죽), 깨 등을, 응이로는 율무응이, 오미자응이 등을, 미음으로는 삼합미음(해삼, 홍합, 쇠고기), 차조미음 등을 올렸다. 찬으로는 어포, 육포, 암치보푸라기, 북어보푸라기, 자반 등의 마른 찬 두세 가지와 소금이나 새우젓국으로 간을 맞춘 맑은 조치를 올린다. 보시기에 나박김치, 장김치, 동치미 등과 같은 물김치와 종지에 간장, 꿀을 올린다.

상을 차릴 때에는 죽, 미음, 응이 등을 합에 담아 왼쪽에 놓고 덜어 먹을 수 있게 빈 공기를 오른쪽에 놓는다.

8) 낮것상

오후 1시 또는 2시경에는 면을 위주로 한 간단한 다과상이나 죽, 응이 등의 유동식으로 간단하게 마련한다.

9) 면상

탄일이나 명절 등 특별한 날에는 면상인 장국상을 차려 손님을 대접한다. 진찬이나 진연 등 궁중의 큰 잔치 때는 병과, 생실과와 찬물 등을 고루 갖추어 높이 고이는 고임상을 차린다. 실제로 드시는 것은 입매상으로 주로 국수와 찬물을 차린다.

면상에는 여러 병과류와 생과, 면류, 찬물을 한데 차린다. 주식으로는 밥이 아니고 온면, 냉면 또는 떡국이나 만두 중 한 가지를 차리고, 찬물로 육회, 편육, 전유화, 신선로 등을 차린다. 면상에는 반상에 놓이는 찬물인 장과, 젓갈, 마른 찬, 조리개 등은 놓이지 않으며, 김치 중에도 물이 많은 나박김치, 장김치, 동치미 등을 놓는다.

10) 반과상

현대의 다과상으로, 조다소반과와 야다소반과는 수라상을 전후해 아침저녁에 받는 다과상이라는 뜻이다. 1795년 화성 행차에서는 모두 18회의 다과상이 봉행됐는데, 이 중 조다소반과가 3번, 야다소반과가 6번이었다. 정조 19년(1795년)에 모후인 혜경궁 홍씨의 갑년(회갑)을 맞아 화성의 현융원에 행차하여 잔치를 베푼 기록인『원행을묘정리의궤(園行乙卯整理儀軌)』에 기록이 남아 있는데 왕과 자궁(慈宮)과 여형제들이 음력 2월 9일 한성 경복궁을 출발하여 화성에 가서 진찬(進饌)을 베풀고 다시 음력 2월 16일 환궁할 때까지 8일간 대접한 식단이 자세히 실려 있다. 똑같은 조다소반과 야다소반이라도 혜경궁 홍씨의 상에는 12~19기, 정조의 상에는 7~11기의 찬이 차려졌는데 왕보다 어머니의 상을 더 높게 하여 예와 효를 중시하는 조선시대의 법도를 잘 보여준다. 흑칠원족반에 자기의 2寸에서 5寸까지의 고배로 담았는데 이 고배(高排)음식 꼭대기에 종이나 비단으로 만든 상화(床花)를 꽂아 올렸다. 찬품의 수에 따라 상화의 수가 결정된다.

12기는 6~9개, 16기는 10개, 17기는 11개, 19기는 13개로 수파련화, 목단화, 홍도별삼지화, 홍도건화, 홍도간화, 지간화, 별건화의 순으로 크기가 작으며 그날의 가장 주된 음식 순 또는 고임의 높이 순으로 차이가 지게 올렸다.

11) 미음상

여행길에 또는 병이 생겼을 때 몸보신을 위하여 올려졌던 것이다. 미음, 고음, 각색정과 3기를 올리는 것이 미음상의 원칙으로 보인다. 고음이란 오늘날의 곰국이다. 병약한 사람에게 국물이 진한 곰국과 미음, 여기에 곁들여 후식으로 각색정과를 올렸다.

실기편

한국의 전통음식

korean - style food

韓食美學

korean – style food

죽

대추죽 • 전복죽 • 흑임자죽 • 빼떼기죽 • 타락죽 • 호박죽
매생이굴죽 • 팥죽 • 닭녹두죽 • 은행죽

대추죽

대추는 붉은색으로 자손이 번창하라는 의미가 담겨 있어 혼례 때 빠지지 않고 상에 오르며,
오래전부터 노화를 막는 식품으로 사용하였다.

재료 및 분량

· 대추 200g
· 물 8컵
· 불린 멥쌀 ½컵
· 물 2컵

양념
· 소금 ½작은술

만드는 법

1 대추는 물에 깨끗이 씻은 후 물을 붓고 끓인 다음 체에 내려 씨와
껍질은 버리고 대추고를 만든다.

2 멥쌀은 불린 후 믹서에 곱게 갈아 고운체에 내린다.

3 냄비에 간 멥쌀을 넣고 중불에서 끓이다가 대추고를 넣고 5분 정
도 더 끓인다.

4 죽이 어우러지면 소금으로 간을 한다.

 Cooking Tip

· 설탕 대신 꿀을 넣어도 맛이 좋다.
· 삶은 대추는 믹서에 갈아서 끓여도 좋다.

전복죽

진시황의 불로초, 전복으로 만드는 전복죽은 아픈 환자나 노인의 원기를 북돋워주는 최고의
영양식으로 맛과 향뿐만 아니라 지질의 함량은 낮으면서 단백질과 칼륨, 칼슘, 인 등이 풍부
하여 사랑받는 식품이다.

재료 및 분량

• 생전복(中) 2개 • 불린 멥쌀 1컵 • 메조 2큰술 • 물 6컵

양념장

• 소금 1~2작은술 • 참기름 2큰술

만드는 법

1 전복은 깨끗이 씻어 껍질과 내장을 제거한
후, 솔로 말끔히 닦는다.

2 손질한 전복을 얇게 저며서 다진다.

3 냄비에 다진 전복과 참기름을 넣고 굵게 빻
은 멥쌀과 메조를 넣어 쌀알이 투명해질 때
까지 저으면서 볶은 후 물을 부어 약간 센
불에서 계속 끓인다.

4 ③이 한 번 끓어오르면 불을 낮추고 쌀알
이 충분히 퍼지도록 끓인 다음 소금으로
간을 맞추어 그릇에 담아 낸다.

Cooking Tip

• 메조를 넣으면 색깔이 노르스름해져서 더욱 먹음직스럽다.
• 전복의 내장을 넣으면 고소하고 맛도 뛰어나다.

흑임자죽

검은깨와 멥쌀을 곱게 갈아 쑨 죽이다. 검은깨는 심신의 건강을 촉진하고 머리카락을 건강하게 하며 몸을 가볍게 한다. 검은깨(흑임자)는 항산화력이 강한 흑색식품의 하나로, 활성산소의 해를 막고 체내의 방어면역도 강화시키는데, 이것은 검은깨에 들어 있는 셀렌 덕분이다.

재료 및 분량

• 흑임자 1컵 • 물 4컵

부재료

• 불린 멥쌀 ½컵 • 물 ½컵 • 소금 1작은술

만드는 법

1 불린 쌀은 물과 함께 믹서에 곱게 갈고, 흑임자도 물을 넣고 믹서에 갈아 각각 체에 내려 고운 입자만 받는다.

2 곱게 간 검은깨를 잘 저어가며 끓인 후 믹서에 간 쌀을 조금씩 넣으면서 농도를 맞춘다.

3 불을 줄여 뭉근하게 끓으면 소금으로 간한 뒤 완성한다.

 Cooking Tip

• 곱게 갈수록 입자가 고울수록 고운체에 내릴수록 좋다.
• 냄비는 바닥이 두꺼운 것을 쓰고 나무주걱으로 젓는다.
• 한쪽 방향으로 저어주어야 죽이 삭는 것을 방지할 수 있다.

빼떼기죽

고구마를 말릴 때 수분이 증발하면서 비틀어지는데 이것을 경상도 지역에서 빼떼기라고
부른 것에서 유래된 향토음식으로 말린 고구마와 팥, 강낭콩을 넣고 끓인 죽이다.

재료 및 분량

- 고구마(빼떼기) 2개
- 물 4컵

부재료
- 붉은팥 30g
- 강낭콩 20g

양념
- 소금 ½작은술
- 설탕 ½작은술

만드는 법

1 고구마는 굵게 채썰거나 편으로 썰어 공기가 잘 통하는 곳에서 수분이 없을 정도로 말린다.

2 팥과 강낭콩은 끓는 물에 삶아 준비한다.

3 냄비에 물과 빼떼기를 넣고 중불에서 끓인다.

4 끓일 때 국자로 눌러가며 으깨고 푹 고아지면 팥, 강낭콩을 넣어 끓인다.

5 소금 간을 하여 완성한다. 설탕을 넣기도 한다.

 Cooking Tip

- 전분이 많으므로 눌어붙지 않도록 주걱으로 저으면서 끓여야 한다.
- 중불에서 천천히 끓여야 잘 어우러진다.

타락죽

쌀을 볶아 우유를 넣고 쑨 매끄러운 죽으로 우유는 일반 대중은 먹지 못했고 궁중에서도 타락죽을 올리는 대상을 극히 제한했을 정도로 귀한 음식이었다.

재료 및 분량

• 멥쌀가루 1컵 • 우유 3컵 • 물 3컵

양념장

• 소금 ½작은술 • 설탕 • 한지 1장

만드는 법

1 팬에 한지를 깔고 고운체에 내린 쌀가루를 노르스름하게 볶은 후 물을 넣고 멍울이 완전히 풀어지게 한다.

2 ①을 끓여 걸쭉해지면 우유를 조금씩 나눠 붓고 잘 저어준 뒤 조금 더 끓인다.

3 먹기 직전에 소금으로 간한다.

 Cooking Tip

• 쌀은 노르스름해질 때까지(쌀에 들어 있는 당류: 갈색화 반응) 볶는다.
• 우유가 들어가므로 오래 젓지 않는다.

호박죽

단호박은 가을에 많이 나는 채소로 달곰한 맛과 고운 색 때문에 남녀노소 모두 좋아한다. 비타민 A가 풍부해 겨울철에 좋은 음식이다.

재료 및 분량

· 단호박 400g, 물 1½컵, 찹쌀가루 ½컵, 물 ½컵

양념장

· 소금 ¾작은술, 설탕 2큰술

만드는 법

1 단호박을 깨끗이 씻은 후 속을 파내고 3cm 두께로 얇게 자른다.

2 냄비에 단호박과 물 1½컵을 넣고 센 불에서 빨리 익힌다.

3 단호박이 익으면 식힌 뒤 삶은 물과 함께 그대로 블렌더에 곱게 간다.

4 물 ½컵에 찹쌀가루 ½컵을 고루 풀어둔다.

5 냄비에 ③을 넣고 ④의 찹쌀물을 잘 저어 체에 밭쳐 물기를 뺀 뒤 중불에서 끓이다가 소금, 설탕으로 간을 한다.

 Cooking Tip

· 물 1컵을 준비하여 농도를 조절한다.
· 나무주걱으로 잘 저어가며 끓여야 바닥에 눌어붙지 않는다.

매생이굴죽

매생이는 갈파래목의 해조류로 깨끗한 곳에서만 자라는데 '매신이'라고도 한다. 칼로리와 지방은 낮고 단백질과 무기질은 높은 알칼리성 식품이다.

재료 및 분량

- 멥쌀 1컵
- 물 8컵
- 매생이 50g
- 굴 100g

양념
- 참기름 1큰술
- 소금 ½작은술

만드는 법

1 멥쌀은 깨끗이 씻어 물에 불린 후 물기를 제거한다.

2 매생이는 물에 살살 흔들어 씻은 뒤 물기를 뺀다.

3 굴은 소금물에 살짝 흔들어 씻은 후 물기를 뺀다.

4 냄비에 참기름을 두르고 쌀을 넣고 볶다가 쌀알이 투명해지면 물을 넣고 끓인다.

5 죽이 어우러지면 마지막에 매생이와 굴을 넣고 끓인 후 소금으로 간을 한다.

 Cooking Tip

- 매생이와 굴은 마지막에 넣어야 색도 변하지 않고 맛도 좋다.
- 매생이는 겨울철 재료로 광택 있고 선명한 녹색이 좋다.

팥죽

24절기 중 하나인 동지(冬至)에 먹는다. 동지팥죽에는 찹쌀을 동그랗게 빚은 새알심을 나이 수만큼 넣어 먹었는데, 이 때문에 동지를 지나야 한 살 더 먹는다는 말도 있었다. 또한 팥의 붉은색이 액(厄)을 면하게 한다고 믿었다.

재료 및 분량

- 붉은팥 1컵
- 물 9컵
- 멥쌀 ½컵

부재료
- 새알심
  (찹쌀가루 50g, 소금)
- 설탕
- 소금

만드는 법

1 냄비에 붉은팥과 물을 붓고 끓어오르면 팥물을 버리고, 다시 냄비에 물을 붓고 떠오르면 중불로 낮추어 팥이 무르도록 푹 삶는다.

2 삶은 팥은 뜨거울 때 체에 넣고 나무주걱으로 으깨어 내리고, 팥물은 30분 정도 앙금을 가라앉힌다.

3 찹쌀가루에 소금을 넣고 익반죽하여, 새알심을 동그랗게 만든다.

4 냄비에 불린 멥쌀과 팥앙금물을 붓고, 끓으면 중불로 낮추어 가끔 저으면서 더 끓인다.

5 쌀알이 퍼지면 가라앉힌 팥앙금을 넣고 조금 끓인 후, 새알심을 넣고 1분 정도 두었다가 떠오르면 소금과 설탕으로 간을 한다.

 Cooking Tip

- 팥 삶은 물이 적으면 물을 보충하여 팥죽 물의 양을 맞춘다.
- 동치미와 함께 먹으면 좋다.
- 처음 팥물을 버리는 이유는 사포닌을 제거하기 위해서다.

닭녹두죽

허약한 체력을 보강한다고 하여 여름철 보양식으로 즐겨 먹었다. 녹두에는 비타민 B_1, 비타민 B_2, 니코틴산 등이 함유되어 있어 고혈압, 고지혈증 등에 효과가 있고 해독작용이 있다.

재료 및 분량

- 영계닭 1마리(500g)
- 물 13컵
- 거피녹두 ⅓컵
- 찹쌀 1컵

부재료
- 수삼 2뿌리
- 은행 10개
- 대추 3개
- 소금 1큰술

향채
- 마늘 30g
- 대파 20g

양념
−닭고기 양념
- 국간장 1작은술
- 소금 1작은술
- 후춧가루 ⅛작은술
- 참기름 1작은술

만드는 법

1 닭은 배 속의 기름기를 떼어내고 깨끗이 씻어 물 13컵을 붓고 닭과 향채를 넣고 삶아 8컵 정도의 닭고기 육수가 남도록 한다.

2 삶은 닭은 건져서 살을 발라 찢은 후 양념하여 무치고 육수는 식혀 면포에 걸러놓는다.

3 거피녹두는 물에 8시간 정도 불리고 찹쌀은 씻어서 2시간 정도 불려 건진다.

4 수삼은 둥글게 썰고 은행은 껍질을 벗기고, 대추는 돌려깎기하여 4등분한다.

5 닭고기 육수에 녹두와 찹쌀을 넣고 저어가면서 끓이다가 쌀알이 퍼지기 시작하면 양념한 닭살과 인삼, 대추, 은행을 넣고 중불에서 죽이 잘 어우러지도록 끓여 소금으로 간한다.

Cooking Tip

- 육수를 면포에 거르면 기름기와 불순물이 제거되어 담백하고 깨끗한 맛을 즐길 수 있다.
- 닭 껍질에는 콜레스테롤이 많아 건강에 좋지 않기 때문에 육수를 낼 때도 껍질을 제거하고 사용하는 것이 좋다.

은행죽

천식에 좋은 식품 중 하나이며 폐를 튼튼하게 하고 기관지를 보호하며 기침, 가래, 천식 등에
효과적이다. 은행은 지방, 당분, 히스티딘, 단백질이 주요 성분으로 은행나무의 열매이다

재료 및 분량

- 불린 멥쌀 1컵
- 물 7컵
- 은행 ½컵
- 잣 ¼컵
- 소금

부재료

- 시금치잎
- 소금

만드는 법

1 쌀은 충분히 불린 후 체에 건져 물기를 뺀다.

2 은행은 뜨거운 물에 불려 껍질을 벗기고, 잣은 고깔을 떼어 마른
행주로 닦은 후 믹서에 물을 부어 곱게 갈아 체에 거른다.
(더 푸른색을 내려면 잎채소(시금치 등)를 활용한다.)

3 믹서에 불린 쌀을 넣고 물을 부어 곱게 갈아 체에 거른다.

4 냄비에 간 쌀을 담고 물을 부어 약한 불에서 은근히 끓이다가 중간
에 나무주걱으로 저어가면서 끓인다.

5 끓어오르면 ②를 조금씩 부으면서 은근히 끓이고, 소금으로 간하여
완성한다.

 Cooking Tip

- 죽이 삭지 않도록 주의해서 쑨다.
- 은행은 독성이 있으므로 날로 먹지 않는다. 따라서 죽을 끓일 때는 은행이 완전히 익었는지 반드시 확인한 후에 먹는다.

韓食美學

korean - style food

밥

비빔밥 · 오곡밥 · 연근밥 · 닭온반 · 취나물쌈밥
김밥 · 단호박영양찰밥

비빔밥

밥에 갖은 나물과 쇠고기, 고명을 올려 약고추장을 넣고 비벼 먹는 음식이다. 섣달 그믐날 저녁에는 남은 음식이 해를 넘기지 않게 하려는 뜻으로 비빔밥을 만들어 먹는 풍습이 있다. 골동반(骨董飯)이라고도 하며 계절에 따라 재료에 변화를 주어 만든다.

재료 및 분량

- 흰밥 2공기
- 쇠고기 100g
- 표고버섯 2장
- 오이 ½개
- 애호박 ⅓개
- 도라지 50g
- 콩나물 50g
- 고사리 50g
- 달걀 1개
- 다시마(10×10cm) 1조각

약고추장 재료
- 고추장 ½컵
- 설탕 ½큰술
- 참기름 ⅓큰술
- 쇠고기 30g
- 마늘즙
- 꿀

나물 양념장
(고사리, 도라지, 콩나물)
- 국간장 2작은술
- 다진 파 1큰술
- 마늘 ½큰술
- 참기름 2큰술
- 깨소금 2큰술

만드는 법

1 쇠고기, 표고는 채썰고, 고사리의 억센 줄기는 다듬어 각각의 양념장으로 양념하여 볶는다.

2 오이, 호박은 돌려깎기하여 볶아내고 도라지는 가늘게 갈라 소금에 주물러 씻고, 콩나물은 찜통에 찐다.

3 달걀은 황백으로 지단을 부쳐 채썬다.

4 고기에 마늘즙, 설탕, 참기름을 넣고 볶다가 고추장과 꿀을 넣어 약고추장을 만든다.

5 다시마는 기름에 튀겨 잘게 부순다.

6 밥에 고명으로 얹을 재료를 예쁘게 나누어 담고 약고추장과 다시마를 고명으로 올린다.

 Cooking Tip

- 약고추장은 종시에 따로 담아 내도 좋다.
- 청포묵을 양념하여 올려도 맛있다.
- 비빔밥에 넣는 나물은 정해진 것이 아니므로 제철에 나는 것을 사용하면 된다.

오곡밥

찹쌀 · 차조 · 붉은팥 · 차수수 · 검은콩 등을 섞어 5가지 곡식으로 지은 밥이나. 정월대보름에 무사태평과 풍년을 기원하며 여러 사람과 나누어 먹었다고 해서 백가반이라고도 한다.

재료 및 분량

- 찹쌀 3컵
- 붉은팥 ¼컵
- 차수수 ⅛컵
- 검은콩 ½컵
- 차조 ¼컵

부재료

- 소금 1작은술
- 붉은팥 삶은 물 1컵
  (소금 ¼작은술)

만드는 법

1 찹쌀은 씻어서 물에 불린다.

2 팥은 터지지 않을 정도로 삶아 건지고 팥물은 따로 놓아 둔다.

3 차수수는 떫은맛을 없애기 위해 비벼 씻어서 하룻밤 담가둔다.

4 검은콩은 물에 4시간 이상 불려 두고 차조는 씻어서 건진다.

5 준비된 곡류들 중 차조를 뺀 나머지를 모두 고루 섞어 솥에 안치고 분량의 소금을 넣어 밥을 짓는다.

6 밥이 끓으면 위에 차조를 얹고 불을 줄여서 밥을 완성한다.

 Cooking Tip

- 오곡밥은 시루나 찜통에 베 보자기를 깔고 찐다. 찌는 도중에 서너 차례 소금물(팥 삶은 물)을 고루 뿌려주어야 간이 골고루 배고 뜸이 폭 든다.

연근밥

연근밥은 사찰에서 스님들이 즐겨 드시는 밥이다. 연근은 뿌리식물로 주성분은 탄수화물이지만, 비타민 C가 풍부하고 식이섬유와 철분, 칼륨도 풍부해 여성에겐 보약 같은 식재료이다. 자양강장효과가 있고 빈혈치료에 좋으며 피부에 좋은 콜라겐을 형성해 주고 노폐물을 배출시키는데, 독성이 없어서 먹기에 좋고 보관성도 좋아 일 년 내내 구입할 수 있다.

재료 및 분량

- 멥쌀 2컵
- 연근 50g
- 원추리잎 10g

부재료
- 식초 1큰술

양념장
- 진간장 3큰술
- 고춧가루 ½큰술
- 다진 파 2큰술
- 다진 마늘 1큰술
- 깨소금 2큰술
- 참기름 2큰술

만드는 법

1 쌀은 씻어서 30분쯤 물에 담가 건져서 체에 밭쳐 놓는다.

2 껍질 벗긴 연근은 반달 모양으로 썰어 물 3컵에 식초 1큰술을 섞은 물에 담가서 아린 맛을 제거한다.

3 원추리잎은 씻어서 3cm 길이로 잘라준다.

4 연근과 쌀을 넣고 밥을 짓다가 밥물이 끓어오르면 원추리잎을 넣고 뜸을 들인다.

5 ④의 밥이 다 되면 밥을 고루 섞어 그릇에 담고, 양념장을 따로 담아 낸다.

 Cooking Tip

- 채소에 수분이 있으므로 밥물을 적게 잡아야 한다.
- 연근을 식초물에 담가야 갈변도 방지하고 아린 맛을 제거할 수 있다.
- 연근은 강장식품으로 기침을 멎게 해주며, 빈혈, 수험생들의 출혈증세에 좋다.
- 몸이 차거나 변비, 소화기능이 약한 사람은 피하는 것이 좋다.
- 연근은 통통한 것이 맛이 좋다.

밥

닭온반

밥 위에 여러 가지 나물과 닭고기, 국물을 부어 만든 함경도 음식으로 닭비빔밥이라고도 한다.

재료 및 분량

- 닭 ½마리

향채
- 파 1대 • 마늘 40g
- 양파 50g

부재료
- 멥쌀 2컵 • 애호박 1개
- 당근 ⅓개 • 표고버섯 4장
- 식용유

닭고기양념장
- 소금 1작은술
- 참기름 1작은술
- 다진 청·홍고추 1작은술
- 후춧가루

표고버섯양념장
- 간장 1작은술
- 설탕 ½작은술
- 참기름 ½작은술

비빔양념장
- 국간장 2큰술
- 다진 파 ½큰술
- 다진 마늘 1작은술
- 후춧가루 ⅛작은술

만드는 법

1 쌀은 씻어서 30분쯤 물에 담가 건져 냄비에 멥쌀과 물을 붓고 밥을 짓는다.

2 닭은 내장과 기름을 떼어내고 깨끗이 씻어서 물과 향채를 넣고 삶는다.

3 삶은 닭고기는 건져서 살을 발라 찢어서 닭고기 양념을 하고, 닭국물은 식혀서 면포에 거른다.

4 애호박은 길이 4cm 정도로 잘라 돌려깎고 소금에 살짝 절인다. 당근은 4cm 길이로 채썬다.

5 불린 표고버섯은 기둥을 떼고 물기를 닦아 채썬 다음 표고버섯 양념장으로 양념한다.

6 애호박, 당근, 양념한 표고버섯은 팬에 식용유를 두르고 살짝 볶는다.

7 비빔양념장을 만든다.

8 밥을 그릇에 담고, 양념한 닭살과 채소는 색깔을 맞춰 얹은 후 닭육수를 붓는다. 비빔양념장은 따로 담아 낸다.

 Cooking Tip

- 칼칼하고 매운맛을 원하면 양념장에 청양고추를 다져 넣는다.
- 오징어채, 북어채를 넣고 싶으면 골뱅이 국물에 살짝 불렸다 사용하면 좋다.
- 골뱅이 대신 소라살이나 해산물을 데쳐 넣어도 좋다.

취나물쌈밥

'산나물의 왕'이라고 칭송받는 취는 쌉쌀한 맛과 아릿한 향기 때문에 입맛을 돋우며 무기질 중에서 칼륨, 칼슘, 인, 철분 등이 풍부한 채소이다.

재료 및 분량

- 멥쌀 3컵
- 곰취 50g

양념장
- 국간장 2큰술
- 깨소금 1큰술
- 참기름 1½큰술

쌈장
- 된장 ½컵
- 두부 ½모
- 다진 파 ½큰술
- 다진 마늘 1작은술
- 다진 풋고추 3개
- 참기름 1큰술
- 깨소금 1큰술

만드는 법

1 쌀은 씻어 불린 후 물기를 제거하고, 분량의 물을 넣어 고슬고슬하게 밥을 짓는다.

2 취는 깨끗이 씻어 찜통에 찐다.

3 ②에 국간장과 참기름을 넣어 무친다.

4 밥에 소금, 참기름, 깨소금을 넣어 무친 후 밥을 동글동글하게 뭉쳐준다.

5 양념한 취를 펴서 알맞은 크기의 주먹밥으로 만들어 싸준다.

 Cooking Tip

- 취는 곰취, 단용취, 참취 등 '취'자가 붙는 산나물의 종칭으로 우리나라 산야에 분포한다.
- 곰취가 잎이 넓어 밥을 싸 먹기에 알맞다.

김밥

근래에 먹기 시작한 음식으로 도시락이나 간식으로 먹는 간편한 음식이다. 최근에는 김치 · 참치 · 치즈 등의 재료를 넣어 다양한 맛을 내고 있다.

재료 및 분량

- 멥쌀 3컵
- 김밥용 김 10장

부재료
- 오이 1개
- 당근(길이로) ½개
- 맛살 3줄
- 햄 10줄
- 단무지 10줄
- 어묵 3장
- 조림우엉 30g
- 달걀 2개
- 깻잎 5장

양념
–밥 양념
- 소금 2큰술
- 깨소금 1큰술
- 참기름 3큰술

만드는 법

1 쌀은 불린 후 고슬고슬하게 밥을 짓는다.

2 오이는 길게 8~16등분하여 가운데 씨를 제거한 후 소금에 살짝 절여 물기를 짠 다음 팬에 볶아준다.

3 당근도 굵직하게 채썰거나 오이처럼 길게 잘라 살짝 데친 다음 팬에 볶아준다.

4 맛살, 햄, 어묵은 팬에 한번 볶아서 준비한다.

5 달걀은 두껍게 지단을 부친다.

6 깻잎은 씻어 물기를 제거한다.

7 밥에 간간하게 양념을 한다.

8 김발에 김의 까칠한 부분을 윗면으로 하여 밥을 한 주먹 정도 고루 펴서 깻잎을 깔고 준비한 재료를 넣고 단단하게 말아준다.

 Cooking Tip

- 묵은쌀로 밥을 맛있게 지으려면 청주를 넣거나 쌀을 불릴 때 식초 한 방울을 넣으면 묵은내를 제거하고 부드러운 밥맛을 낼 수 있다. 밥을 지을 때 숯이나 식용유를 살짝 넣는 것도 하나의 방법이다.

단호박영양찰밥

단호박은 풍부한 영양소와 맛으로 세계적인 장수음식으로 각광받고 있으며, 최근에는 미용음식으로 주목받고 있다. 단호박의 주요 성분인 베타카로틴 성분은 항산화작용이 뛰어나 혈관의 노화를 방지해 줄 뿐 아니라 급성 심근경색을 예방해 준다.

재료 및 분량

- 단호박(1.8kg) 1통
- 찹쌀 1컵
- 찰흑미 2큰술
- 삶은 팥 2큰술

부재료

- 밤 3알
- 대추 2알
- 은행 3알
- 잣 1큰술
- 꿀 3큰술
- 소금 1작은술

만드는 법

1 찹쌀, 흑미는 깨끗이 씻어 30분 정도 불린다.

2 팥은 불린 후 팥알이 푹 무르도록 삶는다. (팥물은 버리지 않는다.)

3 대추는 씨를 제거하여 밤과 함께 3~4등분하고 은행은 프라이팬에 볶아 껍질을 제거하고, 잣은 고깔을 떼어 준비한다.

4 찜통에 젖은 베보자기를 깔고 찹쌀, 흑미, 견과류를 넣은 뒤 30~40분 정도 푹 찐다. 이때 팥물 1컵에 소금 1작은술을 넣고 중간중간 찹쌀밥에 뿌려주며 뜸을 들인다.

5 단호박은 깨끗이 씻어 꼭지가 달린 윗부분을 자른 뒤 속을 말끔히 긁어낸다.

6 찐 찹쌀밥은 꿀을 넣어 섞은 후 단호박 속에 채워 찜통에서 단호박이 익을 때까지 찐 후 4등분하여 접시에 담아 낸다.

 Cooking Tip

- 단호박의 뚜껑은 작은 칼을 이용하여 자르면 편리하다.
- 미니단호박을 이용하기도 한다.

韓食美學

korean - style food

만두·면·떡국

병시 · 규아상 · 편수 · 석류탕 · 어만두
해물칼국수 · 쫄면 · 메밀말이국수 · 비빔국수 · 조랭이떡국

병시

궁중에서 만들던 만둣국으로 한자로 병시(餠匙: 떡숟가락)라고 하는 이유는 만두를 빚은 모양이 넓적하게 접혀 주름 없이 숟가락 모양과 같다는 뜻에서인 듯하다. 설날이 아니라도 김장김치가 맛이 들면 소로 하여 빚어 얼려 두고 때때로 육수를 넣고 끓여 먹는다.

재료 및 분량

- 밀가루 2컵
- 쇠고기(사태) 200g

향채
- 파 20, 마늘 10g

부재료
- 다진 쇠고기 150g
- 표고버섯 2장
- 두부 100g
- 숙주 100g
- 달걀 1개
- 미나리 20g
- 밀가루 ½큰술
- 식용유 ½큰술

육수양념
- 국간장 1작은술
- 소금 ½작은술

만두소양념
- 소금 1작은술
- 다진 파 2작은술
- 다진 마늘 1작은술
- 깨소금 ½큰술
- 후춧가루 ⅛작은술
- 참기름 1큰술

만드는 법

1 밀가루에 소금과 물을 붓고 반죽하여 젖은 면포에 싸서 30분 정도 후에 밀대로 두께 0.2cm 정도로 밀어, 직경 6cm 정도로 둥글게 만든다.

2 쇠고기는 향채와 함께 냄비에 물을 부어 끓인 후 쇠고기를 건져내고 국물은 식혀서 면포에 걸러 육수를 만든다.

3 표고버섯은 불려서 채썰고, 두부는 면포에 물기를 짜서 곱게 으깨고, 숙주는 다듬어서 끓는 물에 데쳐 물기를 제거한 뒤 송송 썬다.

4 다진 쇠고기와 표고버섯, 두부, 숙주를 한데 넣고, 양념을 넣고 섞어 만두소를 만든 후 만두피에 소를 넣고 반으로 접어 반달모양의 병시를 빚는다.

5 달걀은 황백지단을 부치고, 미나리는 초대를 부쳐 마름모꼴로 썬다.

6 냄비에 육수를 붓고 국간장과 소금으로 간을 맞추고, 병시를 넣고 끓여 만두가 떠오르면 중불로 낮추어 더 끓인다.

7 그릇에 담고 황백지단과 미나리초대를 얹어 낸다.

 Cooking Tip

- 담백하고 맑은 육수를 위하여 면포에 거르면 깨끗하다.
- 만두소에 김치를 다져서 넣기도 한다.

규아상

쇠고기와 오이, 표고버섯을 볶아 만두의 소로 넣고 반으로 접어 주름을 만들어 찐 만두이다. 규아상은 궁중의 여름철 찐만두로 해삼 모양으로 빚어서 붙은 이름이다. 주로 여름에 많이 먹었다.

재료 및 분량

- 밀가루 1컵
- 소금 ¼작은술

부재료
- 오이 2개
- 쇠고기 50g
- 표고버섯 2장
- 비늘잣 20g
- 초간장
- 담쟁이잎

고기양념장
- 간장 ½큰술
- 설탕 1작은술
- 다진 파 1작은술
- 다진 마늘 ½작은술
- 깨소금
- 참기름
- 후춧가루

만드는 법

1 밀가루에 소금물을 넣고 반죽하여 30분 정도 두었다가 치대어 얇게 밀어서 직경 8cm의 둥근 모양의 만두피를 만들어 밀가루를 묻혀 붙지 않게 한다.

2 건표고는 불려서 가늘게 채썰고, 쇠고기는 살 부위를 곱게 다져서 고기양념으로 무쳐 팬에 볶은 뒤 접시에 펴서 식힌다.

3 오이는 5cm 길이로 잘라 돌려깎은 후 썰어서 소금에 절였다가 꼭 짜서 기름을 두르고 재빨리 볶아내어 식힌다.

4 볶은 고기와 오이, 표고, 잣을 고루 섞어 소를 만든다. 만두피를 평평한 데 놓고 가운데 갸름하게 소를 놓고 양쪽 자락의 맞닿는 부분을 붙여 양끝을 삼각지게 집고 해삼처럼 등에 주름을 잡아 빚는다.

5 찜통에 젖은 행주를 깔고 만두를 겹치지 않게 놓아 5분 정도 찐다.

6 담쟁이잎을 접시에 깔고 찐만두를 위에 담고, 그릇에 초간장을 따로 담아 곁들여 낸다.

 Cooking Tip

- 만두피를 빚을 때 전분을 조금 첨가하면 만두를 끓이거나 쪄냈을 때 투명해 보인다.
- 랩에 30분 정도 싸 놓으면 치대는 노력을 줄일 수 있다.

편수

만두피에 채소와 쇠고기를 소로 넣고 네모지게 빚어 찐 다음 시원한 장국에 띄워 먹는 여름 음식으로 개성의 향토음식이다.

재료 및 분량

- 밀가루 1컵
- 소금 ¼작은술

부재료
- 애호박 100g
- 오이 100g
- 쇠고기 50g
- 표고버섯 2장
- 소금 ¼작은술

고기양념장
- 간장 ½큰술
- 설탕 1작은술
- 다진 파 1작은술
- 다진 마늘 ½작은술
- 깨소금 · 참기름 · 후춧가루

만드는 법

1 밀가루에 물과 소금을 넣고 반죽한 후 비닐에 담아 숙성시킨다.

2 애호박, 오이는 돌려깎아 채썬 후 소금에 절였다가 꼭 짜서 기름을 두르고 재빨리 볶아서 식힌다.

3 불린 표고는 불려서 가늘게 채썰고, 쇠고기는 가늘게 채썰어 고기양념하여 팬에 볶은 뒤 접시에 펴서 식힌다.

4 준비한 소를 섞어 놓는다.

5 밀가루 반죽은 두께 0.2cm 정도 되게 밀고, 8×8cm의 정사각형 크기로 잘라 완자 빚은 것을 놓고 네 귀퉁이를 모아 마주보게 붙인다.

6 김이 오른 찜통에 담쟁이잎을 깔고 쪄서 완성한다.

 Cooking Tip

- 여름만두의 소는 상하기 쉬우므로 쇠고기, 애호박, 오이, 표고버섯 등을 넣고 김치나 두부는 거의 넣지 않는다.
- 애호박, 오이 중 한 가지만 넣기도 한다.

석류탕

조선시대의 요리책인『**음식디미방**』**에는** 만두를 작은 석류같이 둥글게 빚어 맑은장국에 띄운 음식을 석류탕이라 하였다.

재료 및 분량

- 밀가루 1컵
- 쇠고기(사태) 200g

향채
- 대파 20g
- 마늘 10g

부재료
- 다진 쇠고기 40g
- 표고버섯 1장
- 두부 20g
- 무 20g
- 미나리 10g
- 잣 ½큰술
- 달걀 1개
- 미나리
- 밀가루
- 식용유

만두소 양념
- 소금 ½작은술
- 다진 파 1작은술
- 다진 마늘 ½작은술
- 깨소금 ½작은술
- 참기름 ½작은술
- 후춧가루

만드는 법

1 밀가루에 소금과 물을 붓고 반죽하여 젖은 면포에 싸서 30분쯤 지난 후에 밀대로 두께 0.2cm 정도로 밀어, 직경 6cm 정도로 둥글게 만든다.

2 쇠고기는 향채와 함께 냄비에 물을 붓고 끓인 후 쇠고기를 건져 내고 국물은 식혀서 면포에 걸러 육수를 만든다.

3 표고버섯은 물에 불려 채썰고, 두부는 면포로 물기를 짜서 곱게 으깬다.

4 무는 깨끗이 씻은 뒤 채썰어 끓는 물에 데친 후 물기를 제거하고, 미나리는 줄기를 깨끗이 씻어 데친 후 물기를 짠 뒤 송송 썬다.

5 다진 쇠고기는 표고버섯, 두부, 무, 미나리를 한데 섞어 양념하여 만두소를 만든다.

6 잣은 면포로 닦고, 달걀은 황백지단을 부쳐 길이 2cm 정도의 마름모꼴로 썬다. 미나리는 초대를 부쳐 황백지단과 같은 크기로 썬다.

7 만두피에 소를 넣고 잣을 한 개 정도 넣어 석류 모양으로 빚는다.

8 냄비에 육수를 붓고 끓으면 국간장과 소금을 넣어 간을 맞춘 뒤 만두를 넣고 끓인다.

9 그릇에 담아 황백지단과 미나리초대를 얹는다.

 Cooking Tip

- 모양을 빚을 때 만두피가 너무 겹치지 않도록 해야 먹을 때 좋다.
- 만두소로 쇠고기 대신 닭가슴살을 이용하기도 한다.

어만두

대표적인 궁중음식의 하나로 밀가루 대신 생선살을 얇게 포 뜬 것을 피(皮)로 한 만두이다. 주재료는 흰살 생선으로 민어, 광어, 도미, 대구처럼 단단하고 차진 생선살이 좋은데, 옛날에는 숭어살이 으뜸이었다고 한다.

재료 및 분량

- 흰살 생선 300g
- 다진 쇠고기 100g

부재료
- 표고버섯 3장
- 목이버섯 3장
- 숙주 150g
- 오이 1개
- 소금
- 후춧가루
- 감자전분 1컵

고기양념
- 간장 1큰술
- 설탕 1작은술
- 다진 파 1큰술
- 다진 마늘 ½큰술
- 깨소금 ½큰술
- 참기름 ½큰술
- 후춧가루

만드는 법

1 생선은 7cm 정도로 크고 넓게 포를 떠서 소금, 후춧가루로 밑간을 한다.

2 쇠고기는 고기양념으로 잘 버무려 놓는다.

3 표고버섯과 목이버섯은 물에 불린 후 채썰어 소금과 참기름으로 양념한다.

4 오이는 돌려깎기하여 채썰고 소금으로 절여 놓는다.

5 숙주는 거두절미하고 데쳐서 물기를 짠 뒤 잘게 썬다.

6 기름을 두르고 오이, 버섯, 고기 순으로 볶은 후 숙주와 섞어 물기를 꼭 짜서 만두소로 준비한다.

7 생선의 물기를 제거한 후 녹말가루를 뿌려 만두소를 넣고 눌러 붙여 반달 모양으로 둥글게 감싼다.

8 김이 오른 찜통에 면포를 깔고 7~8분 정도 찐다.

9 초간장을 곁들여 낸다.

Cooking Tip

- 녹말가루는 만두소와 생선의 접착력을 좋게 하며 익었을 때 생선의 색을 투명하고 윤기나게 해준다.
- 생선살에 결이 부서지지 않게 포를 떠준다.

해물칼국수

청양고추는 경남 밀양과 진주 등지에서 많이 재배되고 있으며 매운맛이 아주 강한 것이 특징이다. 칼칼하면서도 시원한 국물이 일품인 청양고추 해물칼국수는 숙취해소에도 그만이다.

재료 및 분량

- 멥호박칼국수 400g
- 물 12컵

육수

- 멸치 5마리
- 다시마 3장
- 북어채 30g
- 마른 새우 20g

부재료

- 모시조개 10개
- 미더덕 10개
- 오징어 ½마리
- 감자 1개
- 애호박 ⅓개
- 양파 ½개
- 당근 ¼개
- 파 1대
- 풋고추 2개
- 소금
- 다진 마늘 1작은술
- 후춧가루 · 참기름

청양고추양념

- 간장 ½컵
- 고춧가루 2작은술
- 다진 파 1큰술
- 다진 마늘 1작은술
- 참기름 1큰술
- 통깨 1작은술

만드는 법

1 멸치는 내장을 제거하고 물 12컵에 다시마, 북어채, 마른 새우를 넣고 육수를 만든다.

2 육수가 끓으면 모든 재료는 건져서 모시조개와 미더덕을 ①의 육수에 넣는다.

3 오징어는 칼집을 넣어 채썬다.

4 호박과 감자, 양파, 당근, 풋고추는 어슷썰어 준비한다.

5 육수에 오징어채를 먼저 넣고 채소를 넣어 재료가 익으면 칼국수를 넣어 한소끔 푹 끓인다.

6 소금, 마늘, 후춧가루, 참기름을 넣고 간을 한 후 청양고추양념장을 끼얹어 함께 먹는다.

Cooking Tip

- 육수에는 백합이나 모시조개만 넣어도 맛이 훌륭하다.
- 칼국수는 밀가루를 반죽하여 넣기도 한다.

쫄면

차갑고 쫄깃한 면에 고추장과 채소 등을 넣고 비벼서 먹는 음식으로 1970년대 인천에서 유래되었다고 한다.

재료 및 분량

- 쫄면 300g
- 콩나물 200g
- 양상추 ¼통
- 오이 ½개
- 당근 50g
- 배 ¼개
- 삶은 달걀 2개

양념
- 고운 고춧가루 2큰술
- 고추장 1큰술
- 사과식초 3큰술
- 설탕 1½큰술
- 간장 ⅓큰술
- 물엿 ½큰술
- 다진 마늘 1큰술
- 다진 파 2큰술
- 참기름 1큰술
- 깨소금 1큰술
- 꿀 1큰술
- 연겨자 1큰술
- 양파 ½개
- 사과 ¼개

만드는 법

1 쫄면은 부드럽게 풀어준 후 끓는 물에 삶아 찬물에 헹군다.

2 오이, 당근, 양상추, 배는 곱게 채썰어 찬물에 담근 후 물기를 뺀다.

3 콩나물은 아삭하게 쪄내고, 삶은 달걀은 세로로 4등분한다.

4 분량의 양념장을 모두 섞어 믹서기에 간 다음 냉장고에 넣어둔다.

5 오목한 그릇에 면과 채소, 소스를 담고 배와 달걀을 고명으로 얹어 완성한다.

Cooking Tip

- 그릇에 담아 낼 때 얼음을 같이 내면 시원하게 먹을 수 있다.
- 양념장은 숙성시킨 후에 먹어야 더 맛있다.

메밀말이국수

메밀은 영양가가 높은 우수한 식품으로, 다른 곡류보다 단백질이 많이 함유되어 있다. 또 이 단백질에는 필수아미노산인 리신의 함유량도 많아 영양적으로도 우수하다. 또한 메밀에 함유된 루틴(rutin)은 혈관벽의 저항력을 향상시키므로 고혈압 환자나 동맥경화증 같은 혈관계 환자에게 권장할 만하다.

재료 및 분량

- 생메밀면 300g
- 샤부용 우목심 30g
- 참나물 5잎
- 배 20g
- 참기름 1큰술
- 깨소금 ½큰술

부재료
- 청양고추 1개
- 오이 ¼개

양념
- 물 1½컵
- 간장 2큰술
- 사과식초 3큰술
- 설탕 2큰술
- 노두유 ½작은술
- 다진 마늘 ½큰술

만드는 법

1 물, 간장, 식초, 설탕, 노두유를 분량대로 섞고 마늘과 송송 썬 청양고추, 오이는 망에 넣어 소스와 함께 하룻밤 담가 냉장 숙성시킨다.

2 고기는 향채를 끓인 물에 살짝 데쳐 익힌 뒤 차갑게 준비한다.

3 배는 채썰고 홍고추는 어슷썰어 준비한다.

4 끓는 물에 메밀면을 넣고 삶은 뒤 찬 얼음물에 씻어서 헹구어 물기를 뺀다.

5 그릇에 면을 담고 소스를 부어 준비한 채소를 올린 뒤 참기름과 깨소금을 뿌린다.

 Cooking Tip

- 국수에 들어가는 소스는 하루 정도 숙성해서 먹어야 맛있다.
- 메밀은 건면을 사용할 수도 있다.

비빔국수

삶은 국수에 볶은 쇠고기와 표고버섯, 오이, 황백지단을 넣고 고추장양념으로 고루 비벼 먹는 음식이다. 골동면이라고도 하며 본래 간장에 비벼 먹었으나, 근래에는 고추장양념으로 맵게 비벼 먹는다.

재료 및 분량

- 소면 80g
- 쇠고기 50g
- 달걀 1개
- 오이 ¼개
- 표고버섯 2장
- 석이버섯 2장
- 실고추 2g

국수양념
- 국간장 2큰술
- 설탕 ¼작은술
- 소금 5g
- 식용유 1작은술
- 참기름 1작은술

고기양념
- 간장 ½큰술
- 다진 파 2작은술
- 다진 마늘 1작은술
- 설탕 1작은술
- 후춧가루
- 참기름

만드는 법

1 쇠고기는 반으로 나눠 무르게 삶아 건진 뒤 편육으로 얇게 썰고, 나머지는 채썰어 양념한다.

2 오이는 돌려깎기하여 채썬 뒤 소금에 절였다 짜서 볶는다.

3 달걀은 황백지단을 부쳐 오이와 같은 크기로 채썰고, 표고버섯도 채썰어 고기양념하여 볶는다.

4 석이버섯은 불렸다가 다듬어 채로 썬 뒤 소금간을 하여 참기름으로 살짝 볶는다.

5 국수는 삶아서 국간장과 설탕, 참기름을 넣어 색을 내고, 볶아놓은 오이, 표고버섯, 고기를 섞어 사리를 말아 그릇에 담고 고명을 얹는다.

 Cooking Tip

- 고명은 계절에 따라 여러 가지를 얹을 수 있다.
- 센 불에서 국수를 삶아 국수가 붙지 않도록 해야 한다.
- 고명의 길이와 굵기는 일정해야 한다.

조랭이떡국

가래떡보다 두께가 얇은 떡을 누에고치 모양으로 빚어서 끓인 국이다. 모양이 매우 독특한 개성지방의 설음식이며, 개성만두 · 보쌈김치와 더불어 개성지방의 3대 요리로 꼽히는 향토 음식이다.

재료 및 분량

- 가는 가래떡 10줄
- 쇠고기 300g
- 달걀 1개

부재료
- 다진 파 1큰술
- 다진 마늘 1큰술
- 후춧가루

향채
- 대파 50g
- 마늘 20g

고기 양념
- 진간장 1큰술
- 설탕 ½작은술
- 다진 파 · 마늘 각 1작은술
- 깨소금 1작은술
- 참기름 1작은술
- 후춧가루

육수양념
- 국간장 2½큰술
- 소금 2작은술

만드는 법

1 흰떡을 3cm로 잘라 젓가락으로 가운데를 눌러 머리가 되게 몸의 2/3를 남기고 늘린다.

2 육수는 육수재료를 넣고 끓으면 건져내어 국간장, 소금으로 간한다.

3 고기를 건져 찢거나 편으로 썰어 양념하여 무치며 달걀은 지단을 부쳐 골패 모양으로 썬다.

4 육수가 끓으면 다진 파, 다진 마늘과 조랭이떡을 넣고 끓여 떡이 떠오르면 불을 끈다.

5 그릇에 조랭이떡국을 담고, 황백지단과 양념한 고기를 얹는다.

 Cooking Tip

- 고명으로 황백지단 대신 고기산적(고기→실파 순으로 꿰어 지져서 사용)을 얹기도 한다.
- 육수를 내는 고기는 찬물에 넣고 끓여야 고기에 들어 있는 아미노산 성분이 빠져 나와 육수의 깊은 맛을 느낄 수 있다.

韓食美學

korean – style food

국·탕

미역국 • 무맑은장국 • 애탕국 • 임자수탕 • 육개장
어글탕 • 삼계탕 • 금중탕 • 추어탕 • 우거지갈비탕
꽃게탕 • 버섯들깨탕

미역국

우리나라에서는 아이를 출산한 산모에게 제일 먼저 흰밥과 미역국을 끓여주는 풍속이 있다. 이것을 첫국밥이라 하고, 미역국(곽탕)은 칼슘과 요오드가 풍부하여 생일상에 꼭 들어가는 음식이다.

재료 및 분량

- 마른 미역 20g
- 쇠고기(사태) 100g
- 참기름 1큰술
- 국간장 1작은술
- 소금 ½작은술

양념장
- 국간장 ½작은술
- 다진 마늘 ⅓작은술
- 후춧가루

만드는 법

1 마른 미역은 물에 불려 깨끗이 씻어 물기를 짠 후, 길이 4cm 정도로 썬다.

2 쇠고기는 가로·세로 2.5cm, 두께 0.2cm 정도로 썰어 양념장으로 양념한다.

3 냄비에 참기름을 두르고, 양념한 쇠고기를 넣어 중불에서 볶다가, 불린 미역을 넣고 더 볶는다.

4 냄비에 물을 붓고, 끓으면 중불로 낮추어 더 끓인다.

5 국간장과 소금을 넣어 간을 맞추고, 조금 더 끓인다.

 Cooking Tip

- 미역은 덜 불리면 뻣뻣하므로 주의하고, 쇠고기는 덩어리로 삶아서 사용하기도 한다.
- 미역을 충분히 볶아야 미역국이 부드러워진다.

무맑은장국

쇠고기 국물에 무를 네모지게 썰어 넣고 청장과 소금으로 간을 맞추어 끓인 국이다. 일상적으로 많이 먹는 기본 국으로, 조선시대 임금이 몸이 편찮으실 때 보양식으로 올렸다.

재료 및 분량

· 쇠고기(양지) 300g · 무 100g · 물 2ℓ

부재료

· 국간장 2큰술 · 소금 1큰술 · 후춧가루 ½작은술
· 다진 마늘 2큰술 · 대파 ½뿌리

만드는 법

1 양지는 찬물에 담가 핏물을 뺀다.

2 핏물을 뺀 양지와 물, 통무를 넣고 육수를 끓인다.

3 ②의 육수에서 양지와 무를 건져 얄팍하게 썬 후 채썬 대파, 국간장, 소금, 후춧가루, 마늘로 간을 한다.

4 육수에 썰어 양념한 양지와 무를 넣고 끓인다.

 Cooking Tip

· 남은 양지를 이용하여 미나리강회나 겨자채를 만들어도 좋다.
· 쇠고기와 무를 얄팍하게 썬 뒤 볶아서 무맑은장국을 끓이기도 한다.

애탕국

어린 쑥(애쑥)을 데쳐 다진 쇠고기와 함께 완자를 빚어 끓인 맑은장국이다. 애탕은 봄에 나는 쑥으로 만든 국으로, 봄철 입맛을 살리고 소화를 돕는다.

재료 및 분량
- 쑥(애쑥, 다복쑥) 150g • 다진 쇠고기(우둔) 100g
- 쇠고기(사태) 200g • 물 8컵, 국간장

부재료
- 밀가루 2½큰술 • 달걀 1개

고기양념
- 간장 2작은술 • 다진 파 2작은술 • 다진 마늘 1작은술
- 깨소금 1작은술 • 참기름 1작은술 • 후춧가루 ¼작은술

만드는 법

1 쑥을 손질한 후 소금을 넣어 데친다. 냉수에 헹궈 줄기가 굵은 것은 떼어버리고 물기를 짠 뒤 곱게 다진다.

2 쇠고기는 다져서 고기양념을 한다. 고기와 쑥을 섞은 뒤 소금, 참기름을 넣어 버무린 후 직경 1.5cm가 되도록 완자를 빚는다.

3 완자에 밀가루를 입혀 달걀물을 체에 내린 것에 담갔다가 건진다.

4 쇠고기는 2×0.5cm로 나박썰어 양념한 후 냄비에 볶아 육수를 부어 맑은장국을 끓인 다음 ③의 완자를 넣는다.

5 완자가 떠오르면 그릇에 담고 황백지단을 얹는다.

 Cooking Tip

• 너무 오래 끓이면 완자에 입힌 달걀옷이 풀어져 지저분해지므로 바로 불은 끈다. 또한 쑥의 색깔도 누렇게 번하므로 불의 조절이 가장 중요하다. 쑥은 비상, 간장, 신장에 이로우며 피를 맑게 해준다.

임자수탕

차게 식힌 닭육수에 참깨를 갈아 넣고 잘게 찢은 닭고기와 채소를 넣어 먹는 음식이다. '임자 (荏子)'는 깨를 말한다. 궁중이나 양반가에서 여름 보양식으로 즐겨 먹은 한국 전통요리이다.

재료 및 분량

- 닭 1마리

향채
- 파 20g
- 마늘 15g
- 양파 50g
- 참깨 100g, 소금

부재료
- 오이 ½개
- 소금 ½작은술
- 표고버섯 2장
- 홍고추 1개
- 녹말 4큰술
- 달걀 1개
- 잣 1작은술
- 식용유 1큰술
- 다진 쇠고기(우둔) 80g
- 두부 40g
- 달걀 1개
- 밀가루 2큰술

완자양념장
- 국간장 ⅓작은술
- 소금 ⅛작은술
- 다진 파 1작은술
- 다진 마늘 ½작은술
- 참기름 ½작은술
- 후춧가루

만드는 법

1 닭은 내장과 기름기를 떼어낸 뒤 깨끗이 씻어 향채를 넣고 끓인 후 닭고기는 건져서 찢어 소금양념하고 국물은 걸러서 닭육수를 만든다.

2 참깨는 물에 1시간 정도 불린 후, 문질러 씻고 일어서, 체에 밭쳐 물기를 뺀 뒤 팬에 참깨를 넣고 볶아서 믹서에 육수와 함께 넣고 곱게 간 후 체에 내려 깻국물을 만들어 소금으로 간을 한다.

3 두부는 물기를 짜서 곱게 으깨어, 다진 쇠고기와 섞어 양념하고 직경 1.5cm 정도의 완자를 만든다. 완자는 밀가루를 입히고 달걀 물을 씌워, 팬에서 굴려가며 지진다.

4 오이는 소금으로 비벼 깨끗이 씻은 후, 가로 1.5cm, 세로 3cm, 두께 0.3cm 정도로 썰어 소금을 넣고 절인 후, 물기를 닦는다. 표고버섯은 물에 불린 후, 오이와 같은 크기로 썬다. 홍고추는 반 으로 잘라 씨와 속을 떼어내고, 오이와 같은 크기로 썬다.

5 오이와 표고버섯·홍고추에 녹말을 입혀 끓는 물에 데친 후 찬물 로 헹군다.

6 잣은 고깔을 떼고, 달걀은 황백지단을 부쳐, 가로 1.5cm, 세로 3cm 정도로 썬다.

7 그릇에 양념한 닭고기를 넣고, 그 위에 완자와 준비한 여러 가지 채소를 색 맞추어 돌려 담고, 깻국물을 부어 잣을 띄운다.

Cooking Tip

- 깻국물은 고운체나 면포에 걸러야 좋으며, 닭육수는 기름을 걷어내고 차게 해서 먹는다.
- 검은깨를 이용해서 임자수탕을 할 수도 있다.

육개장

복중의 시식(時食)으로, 무더운 여름철 원기회복을 위해 땀을 흘려가며 먹는 복중의 대표 음식이다.

재료 및 분량

- 쇠고기(양지) 300g
- 물 15컵
- 대파 100g
- 고사리 20g
- 느타리버섯 20g
- 숙주 20g
- 불린 토란대 40g
- 달걀 1개

양념

–양념장 ①
- 두태기름(쇠기름) 2큰술
- 고춧가루 3½큰술
- 고추기름 1작은술
- 식용유 1작은술

–양념장 ②
- 마늘 1큰술
- 생강 1작은술
- 국간장 2작은술
- 고추장 1작은술
- 참기름 ½큰술

만드는 법

1 양지머리는 찬물에 담가 핏물을 뺀 후 물 15컵을 넣고 삶는다.

2 숙주, 토란대, 고사리, 느타리버섯, 대파는 손질하여 6~7cm 크기로 썰어 끓는 물에 삶아 물기를 꼭 짠다. 달걀은 따로 풀어 놓는다.

3 ①의 고기는 건져서 찢고 육수는 따로 준비해 둔다.

4 양념장 ①을 약불에서 볶은 다음 ③의 육수를 조금씩 부으면서 양념장 ②를 넣는다.

5 채소와 고기를 넣고 끓이다가 풀어 놓은 달걀로 줄알을 친다.

 Cooking Tip

- 양념장은 1일 정도 시원한 곳에 삭혀서 사용해야 느끼한 맛이 나지 않는다.
- 채소는 따로 삶은 후 물기를 꼭 짜서 함께 섞어야 텁텁하지 않다.

어글탕

북어의 껍질을 벗겨 그 껍질에 다진 쇠고기와 두부를 양념한 소를 얇게 말아 전을 지졌다가 맑은장국에 넣고 끓인 것으로, 북어와 쇠고기의 감칠맛이 나고 시원하며, 국물맛이 별미이다.

재료 및 분량

- 명태껍질 100g
- 쇠고기(사태) 200g

향채
- 대파 20g
- 마늘 10g

부재료
- 다진 쇠고기(우둔) 80g
- 두부 30g
- 숙주 100g
- 밀가루 3큰술
- 달걀 3개
- 식용유

소 양념
- 소금 ¼작은술
- 다진 파 1작은술
- 다진 마늘 ½작은술

육수양념
- 국간장 1작은술
- 소금 ½작은술

만드는 법

1 쇠고기는 핏물을 닦고, 냄비에 향채와 물을 넣고 끓인 뒤 쇠고기는 건져내고 국물은 식혀서 면포에 걸러 육수를 만든다.

2 숙주는 손질하여 깨끗이 씻은 후 끓는 물에 데쳐 송송 썰어서 물기를 제거하고, 두부는 면포에 물기를 짜서 곱게 으깬 다음 숙주, 두부, 쇠고기, 소양념을 넣고 섞어 소를 만든다.

3 명태껍질은 씻어 물에 불린 뒤, 비늘을 긁고 길이 8cm 정도로 잘라 잔칼집을 넣고 껍질 안쪽에 밀가루를 묻혀 소를 넣고 반으로 돌돌 말거나 납작하게 접어서 밀가루를 입히고 달걀물을 씌워 중불에서 지진다.

4 달걀은 황백지단을 부쳐 마름모꼴로 썬다.

5 냄비에 육수를 붓고 끓으면, 국간장, 소금을 넣고 간을 맞춘 다음 명태껍질전을 넣고 중불로 낮추어 끓인다.

6 그릇에 담고 황백지단을 얹는다.

 Cooking Tip

- 북어껍질에 잔칼집을 넣어야 전을 부칠 때 줄어들지 않는다.
- 북어껍질의 비늘은 깨끗하게 제거해 주어야 한다.

삼계탕

여름철에 보신하기 위하여 닭에 인삼을 넣고 푹 고아서 먹는 한국의 전통 보양식, 계삼탕이라고도 한다. 병아리보다 조금 큰 영계를 이용해서 영계백숙이라고도 한다.

재료 및 분량

- 영계 1마리
- 찹쌀 ½컵

부재료
- 황기 20g
- 수삼 2뿌리
- 깐 마늘 4개
- 대추 4개
- 달걀 1개
- 식용유

양념
- 소금 1큰술
- 후춧가루
- 대파 20g

만드는 법

1 황기는 깨끗이 씻어 냄비에 넣고 물을 부어 끓인 후 황기물을 만든다.

2 찹쌀은 불린 후 체에 밭쳐 물기를 빼고, 수삼은 씻어서 뇌두를 자른 뒤 어슷썰고, 깐 마늘과 대추도 깨끗이 씻어서 준비한다.

3 달걀은 황백으로 분리하여 지단을 부쳐 골패 모양으로 준비한다.

4 영계는 내장과 기름기를 빼내고 깨끗이 씻어 불린 찹쌀과 수삼, 마늘, 대추를 넣고 빠져나오지 않도록 닭다리를 엇갈리게 끼운다.

5 황기물에 영계를 넣고 끓으면 중불로 낮추어 더 끓인 후 소금과 후춧가루로 간을 맞춘다.

6 그릇에 담고 황백지단을 얹어 낸다.

Cooking Tip

- 닭을 삶을 때에는 내용물이 빠지지 않도록 닭의 배가 위로 오게 한다.
- 압력솥을 이용하면 빠른 시간에 조리할 수 있다.
- 황기는 땀이 많은 계절에 좋은 식품이다.

금중탕

쇠고기 육수와 닭고기 육수에 전복과 해삼, 버섯을 넣고 끓인 탕으로 궁중잔치에 올렸던 술국에 포함되는 탕이다. 파, 마늘을 사용하지 않아 담백하고 깔끔한 맛으로 주안상요리에 올리는 탕이다.

재료 및 분량

- 쇠고기(사태) 100g
- 물 5컵
- 닭고기 500g
- 물 5컵
- 마늘 2알
- 대파 ¼대

부재료

- 전복 100g
- 불린 해삼 100g
- 표고버섯 2장
- 미나리 20g
- 달걀 1개
- 잣 1작은술

양념

- 국간장 1작은술
- 소금 1작은술
- 참기름 1작은술
- 후춧가루 ¼작은술

만드는 법

1 쇠고기는 핏물을 뺀 후 찬물에 푹 삶아 건지고, 닭은 손질하여 향채를 넣고 40분간 삶은 뒤 살코기는 건져 저며 썬다.

2 쇠고기 육수와 닭고기 육수는 면포에 걸러 기름을 걷어 낸다.

3 전복과 해삼을 깨끗이 손질하여 쇠고기와 같은 크기로 저며 썬다.

4 건표고버섯은 물에 불려 기둥을 떼어내고, 작은 것은 2등분하고 큰 것은 4등분하여 저며 썬다.

5 미나리는 다듬어 씻은 뒤 데쳐 물기를 꼭 짠 후 3cm 길이로 자르고 달걀은 황백지단을 부쳐 골패 모양으로 썬다.

6 미나리와 달걀지단을 제외한 나머지 쇠고기, 닭살, 버섯, 전복, 해삼은 양념장을 넣고 버무려 놓는다.

7 쇠고기 육수와 닭고기 육수를 섞은 후 양념한 재료를 넣고 끓여 소금으로 간한 후 미나리와 황백지단, 잣을 고명으로 올린다.

 Cooking Tip

- 전복과 해삼은 오래 끓이면 질겨진다.
- 쇠고기 육수와 닭고기 육수는 동량으로 섞어서 간을 한다.

국·탕

추어탕

찬바람이 불기 시작하여 초가을부터 맛이 나는 추어탕은 우수한 단백질과 칼슘, 무기질이 풍부하며 여름내 너위로 잃은 원기를 회복시켜 준다.

재료 및 분량

- 미꾸라지 800g
- 소금

향채
- 양파 1개
- 파 50g
- 마늘 40g
- 생강 10g

부재료
- 삶은 우거지 150g
- 불린 고사리 100g
- 숙주 100g
- 파 200g
- 청양고추 3개
- 청고추 1개
- 홍고추 1개
- 부추 10g
- 들깻가루 ½컵
- 후춧가루 ¼작은술
- 소금 ½큰술
- 산초가루

양념장
- 된장 3큰술
- 고추장 2큰술
- 다진 파 1큰술
- 다진 마늘 ½큰술

만드는 법

1 미꾸라지에 소금을 뿌려 뚜껑을 덮고 해감시킨 후 깨끗이 씻어 체에 밭친다.

2 냄비에 미꾸라지와 물을 붓고 센 불에서 끓으면, 중불로 낮추어 1시간 정도 삶다가 향채를 넣고 더 삶은 후, 체에 내려 미꾸라지 국물을 만들고 뼈는 버린다.

3 양념장을 섞어 만든다.

4 삶은 우거지와 불린 고사리는 깨끗이 씻어 길이 4cm 정도로 자른다. 숙주는 뿌리를 뗀 뒤 데치고, 파는 깨끗이 손질하여 씻은 후 길이로 반을 갈라 길이 4cm로 자른 후 데친다.

5 청양고추는 깨끗이 씻어 송송 썰고, 청·홍고추는 다지고, 부추도 다듬어 씻어 송송 썬다.

6 냄비에 미꾸라지 국물을 붓고 양념장을 풀어 넣은 후 끓으면, 삶은 우거지와 고사리를 넣고 중불로 낮추어 30분 정도 끓이다가 숙주와 파를 넣고 30분 정도 더 끓인다.

7 청양고추와 청·홍고추, 부추, 들깻가루, 후춧가루, 소금을 넣고 한번 더 끓인다.

8 그릇에 담아 산초가루와 함께 낸다.

Cooking Tip

- 추어탕을 끓일 때는 된장이 비린맛을 잡아주며, 통으로 끓이기도 한다.
- 경상도식은 풋배추, 고사리, 토란대 등을 넣고 방아잎과 조핏가루(산조)를 넣는다.
- 전라도식은 들깨즙을 넣고 걸쭉하게 하여 산초가루(조핏가루)로 매운맛을 낸다.

우거지갈비탕

쇠갈비에 우거지를 넣고 된장을 풀어 구수하게 끓여 먹는 우거지갈비탕은 겨울 김장 때 무청과 배추를 말려 시래기를 만들어 두었다가 물에 불려 쓸 수도 있는데 일반적으로 얼갈이 배추를 데쳐서 많이 사용한다.

재료 및 분량

- 쇠갈비 1kg
- 우거지 400g
- 물 20컵

부재료
- 굵은 대파 1개
- 풋고추 1개
- 홍고추 ½개
- 된장 3½큰술
- 들깻가루 1큰술
- 국간장 2큰술

양념
-우거지양념
- 된장 1¼큰술
- 다진 파 2큰술
- 다진 마늘 1¼큰술
- 소금 1작은술

-양념장
- 고운 고춧가루 1½큰술
- 물 1큰술
- 간장 ½큰술
- 다진 마늘 ½큰술
- 다진 파 ½큰술

만드는 법

1 냄비에 물을 붓고 흰 기름을 떼어낸 갈비를 넣고 끓이다가 거품을 걷어내면서 젓가락이 들어갈 정도로 무르게 푹 끓인다.

2 삶은 갈비와 우거지를 한데 섞어 된장과 다진 파, 다진 마늘을 약간 넣어 간이 스며들게 골고루 주물러 놓는다.

3 갈비를 삶았던 육수에 양념한 갈비와 우거지를 넣고 뭉근하게 끓인다.

4 푹 고아 맛이 우러난 우거지갈비탕을 그릇에 담아 낼 때 들깻가루를 조금 뿌리면 더욱 고소한 맛이 난다.

 Cooking Tip

- 우거지는 팔팔 끓는 물에 데쳐야 풋내가 나지 않는다.
- **※ 우거지와 시래기의 차이**
  '시래기'는 '무청 말린 것'으로 무의 윗부분, 즉 줄기와 잎이 있는 부분만을 따로 모아서 말린 것을 말한다. 우거지의 어원은 '웃걷이'에서 시작되는데, '웃'은 '위(上)' 또는 '겉(外)'을 뜻하여, 우거지란 배추의 겉잎을 말린 것을 말한다. 무보다 무청에 배추 속잎보다 겉잎에는 카로틴 등 영양성분이 더 많이 들어 있다.

꽃게탕

게의 단백질에는 루이신, 아르기닌 등 필수아미노산이 많이 들어 있어 소화가 잘되므로 어린이, 환자나 노인에게 좋은 음식이다.

재료 및 분량

- 꽃게 2마리
- 모시조개 5개
- 미더덕 50g

부재료
- 양파 ¼개
- 애호박 ¼개
- 청고추 1개
- 홍고추 1개
- 대파 ⅓대
- 쑥갓 5대
- 무(3cm) 1토막
- 다시마(10×10cm) 1장
- 물 6컵

양념
- 고추장 1큰술
- 된장 ⅓큰술
- 고춧가루 ½큰술
- 다진 마늘 1큰술
- 다진 생강 1작은술
- 소금 ½작은술
- 후춧가루 ⅛작은술

만드는 법

1 꽃게는 손질 후 먹기 좋은 크기로 4등분한다.

2 모시조개는 소금물에 담가 해감시키고 미더덕은 꼬치로 찔러 체에 밭쳐 짠물을 빼놓는다.

3 양파는 0.5cm 굵기로 채썰고 애호박은 0.5cm 두께로 반달썰기하고 고추와 대파는 어슷하게 썰고 쑥갓은 4cm 길이로 썬다.
무는 2×0.5cm 크기로 나박하게 썬다.

4 냄비에 물을 붓고 무와 다시마를 넣고 끓이다 끓어오르면 다시마는 건지고 무는 투명하게 익을 때까지 10분 정도 끓인다.

5 준비한 육수에 고추장과 된장을 푼 다음 끓어오르면 꽃게와 모시조개, 미더덕을 넣고 꽃게가 익을 때까지 5분 정도 끓인다.

6 거품이 떠오르면 건어내고 애호박과 나머지 양념을 넣어 끓인 뒤 마지막으로 고추와 대파를 넣고 한소끔 끓인 다음 쑥갓을 넣고 불을 끈다.

 Cooking Tip

- 모시조개는 미리 해감해 두어야 질금거리지 않는다.
- 육수에 게다리를 넣어 끓이기도 한다.

버섯들깨탕

들깨에 들어 있는 리놀산은 피부미용뿐만 아니라 콜레스테롤이 혈관에 쌓이지 않도록 예방하는 효능이 있기 때문에 동맥경화 등 성인병 예방에 아주 효과적이다. 따라서 육류를 즐겨 먹는 사람이 들기름 같은 식물성 기름을 곁들이면 맛은 물론 건강도 지킬 수 있으며, 두뇌발달과 기억력 증진에도 도움이 된다.

재료 및 분량

- 양송이버섯 3개
- 느타리버섯 50g
- 우엉 100g
- 조랭이떡 100g
- 물만두 100g
- 미나리 3줄기

부재료
- 거피한 들깻가루 1컵
- 들기름 3큰술
- 식초
- 소금

육수
- 표고버섯 5개
- 다시마(사방 10cm) 2개
- 물 7컵

만드는 법

1 찬물에 다시마와 건표고를 넣고 육수를 끓인다.

2 우엉은 칼등으로 껍질을 벗긴 후 어슷썰어 식초물에 담그고, 느타리는 손으로 곱게 찢고 표고버섯은 곱게 채썬다. 양송이는 껍질을 벗긴 후 모양대로 얄팍하게 썬다.

3 육수를 내고 남은 다시마도 곱게 채썰고 미나리는 깨끗이 씻어 2cm로 썰어 놓는다.

4 조랭이떡은 찬물에 담가 놓는다.

5 냄비에 들기름을 두르고 우엉을 볶다가 버섯과 들깻가루를 넣어 볶은 후 육수를 부어 끓인다.

6 탕이 끓으면 조랭이떡과 물만두, 다시마를 넣고 소금으로 간한 뒤 마지막으로 미나리를 넣어 완성한다.

 Cooking Tip

- 맵지 않아 어린이에게도 좋은 음식이다.

韓食美學

korean - style food

찌개

된장찌개 • 병어감정 • 김치찌개
청국장찌개 • 생선찌개 • 게감정

된장찌개

한국 사람들이 즐겨 먹는 토착성이 짙은 음식으로, 쉽게 끓어 졸아들 염려가 없고 빨리 식지 않는 뚝배기에 끓이는 것이 좋다. 계절에 따라 봄에는 풋고추, 여름에는 애호박, 겨울에는 시래기를 넣기도 한다.

재료 및 분량

- 된장 3큰술
- 두부 ¼모
- 부추 20g
- 달래 10g
- 애호박 20g
- 양파 20g
- 양송이버섯 2개
- 청양고추 1개

부재료
- 모시조개 5개
- 다시마 1장
- 다시멸치 6개

만드는 법

1 뚝배기에 모시조개, 다시마와 다시멸치를 넣어 육수를 낸다.

2 육수에 된장을 체에 밭쳐 풀어준다.

3 국물이 팔팔 끓으면 두부와 달래, 부추를 제외한 준비된 재료를 넣고 끓여준다.

4 거의 끓었을 때 두부, 달래, 부추를 넣고 조금 더 끓인다.

 Cooking Tip

- 된장찌개에 넣는 두부와 부추는 맨 마지막에 넣어 부드러운 맛을 유지하도록 한다.
- 된장의 짠맛에 따라 된장의 양을 가감한다.

병어감정

병어감정은 병어를 살만 따로 썰어 파, 마늘, 생강 등을 넣고 국물을 적게 하여 만든 고추장 찌개이다. 궁중에서는 여름철 상추쌈에 병어감정을 곁들여 먹었다. 감정은 고추장으로 조미한 찌개이다.

재료 및 분량

- 병어 4마리
- 청고추 1개
- 홍고추 ½개

양념
- 고추장 3큰술
- 간장 1큰술
- 설탕
- 대파 30g
- 마늘 15g
- 생강 5g

만드는 법

1 병어는 비늘을 긁어내고 깨끗이 씻어 양쪽으로 포를 뜬 다음 길이 4cm, 폭 2cm 정도로 썬다.

2 파와 마늘·생강은 다듬어 깨끗이 씻어 편으로 썰고, 대파와 청·홍고추는 어슷썬다.

3 냄비에 물을 붓고 간장과 고추장을 넣어 끓으면 병어와 마늘·생강을 넣고, 중불로 낮추어 대파와 청·홍고추를 넣고 더 끓인다.

Cooking Tip

- 병어는 입이 매우 작고 창백하며 단맛이 난다.
- 뼈가 연하여 회나 구이에 좋고 국을 끓여도 맛있다.
- 여름이 제철이어서 이때가 가장 맛있고 값도 싸다.

김치찌개

궁중에서는 '김치조치'라 하였고, 시어진 김치를 이용하는 방법에서 비롯된 것으로 여겨진다. 김치찌개에는 무김치를 이용하고 멸치 대신 돼지고기나 돼지갈비, 고등어 등을 넣고 끓이기도 한다.

재료 및 분량

- 익은 배추김치 ¼포기
- 돼지고기(목심) 150g

부재료
- 두부 150g
- 양파 ½개
- 대파 20g
- 청고추 1개
- 홍고추 ½개

멸치육수
- 다시멸치 30g
- 무 100g
- 다시마 20g

찌개양념
- 참기름 1큰술
- 고춧가루 1작은술
- 청주 1큰술
- 다진 마늘 1큰술
- 생강즙 1큰술
- 국간장
- 설탕

만드는 법

1 익은 배추김치는 속을 털어내고, 가로·세로 3cm 정도로 썬다. 양파는 손질하여 깨끗이 씻은 후 폭 1cm 정도로 썬다.

2 두부는 김치와 비슷한 크기로 자르고, 청·홍고추, 대파는 어슷썬다.

3 냄비에 물을 붓고 무와 다시멸치를 넣어, 센 불이 끓으면 중불로 낮추어 더 끓이다가 다시마를 넣고 불을 끈 다음 10분 정도 두었다가 체에 걸러 멸치국물을 만든다.

4 돼지고기를 한입 크기로 썰어 냄비를 달구어 참기름을 두르고, 중불에서 볶다가 배추김치를 넣고 볶는다.

5 볶은 돼지고기와 배추김치에 멸치국물과 고춧가루와 양념을 넣고 끓으면 중불로 낮추어 더 끓인다.

6 소금으로 간을 맞추고, 두부와 양파, 청·홍고추, 파를 넣고 더 끓인다.

 Cooking Tip

- 육수에 돼지뼈를 이용해도 구수하고 좋으며, 은근한 불에서 끓여야 국물맛이 좋다.
- 신김치를 이용하여 김치찌개를 끓이기도 한다.

청국장찌개

청국장은 삶은 콩을 발효시켜 고초균(枯草菌)이 생기도록 만든 속성 장류로 2~3일이면 먹을 수 있다. 특유의 풍미가 있고 영양가가 높고 소화가 잘될 뿐아니라, 콩 단백질을 가장 효과적으로 섭취할 수 있는 방법으로 알려져 있다.

재료 및 분량

- 청국장 150g

부재료
- 쇠고기(우둔) 100g
- 쌀뜨물 4컵
- 배추김치 100g
- 두부 ⅓모
- 청고추 1개
- 홍고추 1개
- 파 20g
- 고춧가루 1작은술
- 소금 ½작은술

쇠고기양념장
- 국간장 1작은술
- 다진 파 1작은술
- 다진 마늘 ½작은술
- 깨소금 ½작은술
- 참기름 ½작은술
- 후춧가루

만드는 법

1 쇠고기는 한입 크기로 썬 뒤 양념장을 넣어 양념하고, 배추김치는 속을 털어내서 가로·세로 2cm 정도로 썬다.

2 두부는 가로 2cm, 세로 3cm, 두께 1cm 정도로 썰고, 청·홍고추와 파는 손질하여 어슷썬다.

3 냄비를 달구어 쇠고기를 넣고 중불에서 볶다가 쌀뜨물을 붓고 센불에 올려 끓으면, 배추김치를 넣고 중불로 낮추어 더 끓인다.

4 청국장과 두부, 청·홍고추, 파, 고춧가루, 소금을 넣고 간을 맞추어 더 끓인다.

 Cooking Tip

- 청국장의 고초균(Bacillus Subtilis) 섭취를 위하여 조리 마지막에 넣는 것이 좋다.
- 청국장을 넣고 너무 오래 끓이지 않는다.

생선찌개

생태에 무 등의 채소와 두부, 고춧가루 등을 넣어 얼큰하게 끓인 찌개이다. 얼려서, 말려서, 또는 갓 잡은 것을 그대로 먹는 명태는 알이 꽉 차고 살이 통통하게 오르는 1월에 가장 맛있다.

재료 및 분량

- 생태 1마리
- 곤이 100g
- 무 100g
- 쑥갓 1줄기
- 모시조개 5개
- 두부 ½모
- 청·홍고추 ½개
- 대파 ½대

부재료

- 다시멸치 50g
- 다시마(10×10cm) 1장

양념장

- 고춧가루 5큰술
- 다진 마늘 2큰술
- 다진 생강 1큰술
- 국간장 1큰술
- 간장 1큰술
- 소금 1큰술
- 후춧가루

만드는 법

1 찬물에 멸치와 다시마를 20분 정도 담가 놓는다.

2 국물이 우러나면 불에서 10분 정도 끓여 식힌 뒤 육수를 거른다.

3 무를 얇게 나박썰고 대파, 청·홍고추는 어슷썰고, 두부는 도톰하게 썬다.

4 생태는 토막을 내고 내장은 핏물과 검은막을 제거하여 깨끗이 씻는다.

5 육수를 끓이다 양념장을 넣고 육수가 팔팔 끓으면 모시조개와 곤이 생태를 넣는다.

6 간을 한 후 두부와 대파, 청·홍고추, 쑥갓을 넣어 완성한다.

 Cooking Tip

- 황태 : 명태를 얼렸다 녹였다를 반복하여 말린 것
- 생태 : 갓 잡은 것
- 동태 : 급속냉동시킨 것
- 코다리 : 명태를 꾸덕꾸덕하게 반쯤 말린 것
- 노가리 : 명태새끼를 바싹 말린 것
- 북어 : 명태 모양 그대로 바싹 말린 것

게감정

게의 등딱지를 떼고 그 속에 갖은 양념을 한 소를 넣어 만든 음식으로 꽃게는 봄에 가장 맛이 좋으며 게감정은 옛날 봄철 임금님의 수랏상에 빠지지 않고 올렸던 고추장찌개이다.

재료 및 분량

- 꽃게(암컷) 2마리
  부재료
- 다진 쇠고기 100g
- 표고버섯 2개
- 두부 ⅕모
- 숙주 80g
- 무 ⅙개
- 청고추 ½개
- 홍고추 ½개
- 파 20g
- 쑥갓 40g
- 밀가루 5큰술
- 달걀 1개
  쇠고기양념
- 국간장 ½작은술
- 다진 파 ½작은술
- 다진 마늘 ¼작은술
- 깨소금 ½작은술
- 후춧가루 ⅛작은술
- 참기름 ½작은술
  소양념
- 소금 1작은술
- 후춧가루 ⅛작은술
- 통깨 ½작은술
- 참기름 1작은술
  감정양념
- 된장 1큰술
- 고추장 2큰술
- 소금 ½작은술
- 다진 마늘 1큰술
- 생강즙
- 설탕

만드는 법

1 꽃게는 솔로 깨끗이 씻어 발끝을 자르고, 게의 등딱지는 떼어서 게살을 긁어 낸다.

2 끓는 물에 숙주를 넣고 데쳐서 송송 썰고 물기를 짠다.

3 다진 쇠고기는 고기양념으로 양념한다.

4 표고버섯은 물에 불려, 기둥을 떼고 물기를 닦아 곱게 다지고, 두부는 곱게 으깨어 물기를 제거한다.

5 무는 손질하여 나박썰기를 썰고, 청·홍고추, 파는 깨끗이 손질하여 길이로 어슷썰고, 쑥갓은 손질하여 깨끗이 씻는다.

6 게살에 준비한 표고버섯, 두부, 숙주를 넣어 소 양념하고, 양념한 다진 쇠고기와 섞어 소를 만든다.

7 게 등딱지 안쪽에 밀가루를 바르고, 소를 평평하게 채워 넣어 소를 채운 면에 밀가루를 입히고 달걀물을 씌워 지진다.

8 냄비에 물을 붓고 끓으면 양념장을 풀어 넣고 게다리와 무를 넣어 중불로 낮추어 더 끓인 뒤 게다리는 건져내고 감정국물을 만든다.

9 감정국물에 지진 게 등딱지를 넣고 끓이다가 청·홍고추, 대파를 넣고 끓이다가 쑥갓을 넣고 불을 끈다.

 Cooking Tip

- 감정이란 씨개보다는 국물이 조금 더 있으며 고추장으로 양념한 음식이다.
- 소에 들어가는 재료에 물기를 완전히 제거한다.
- 긁어낸 게살의 국물을 제거한 후 소로 넣는다.

韓食美學

korean - style food

전골

두부전골 • 버섯전골 • 쇠고기전골 • 도미면 • 낙지전골
어복쟁반 • 신선로 • 해물신선로

두부전골

고기소를 넣은 두부와 채소들을 색깔 맞춰 돌려 담고 육수를 부어 끓이면서 먹는 음식이다. 두부는 '밭에서 나는 쇠고기'라 불리는 콩으로 만들어 단백질이 풍부하고, 질감이 부드러운 음식이다.

재료 및 분량

- 두부 ½모
- 소금
- 녹말 2큰술
- 식용유 2큰술
- 미나리 30g

부재료
- 쇠고기(우둔) 150g
- 표고버섯 2장
- 느타리버섯 5개
- 숙주 100g
- 당근 ⅛개
- 죽순 60g
- 호두 2개
- 달걀 2개
- 쇠고기(양지머리) 300g

향채 · 파 20g · 마늘 10g
국물양념 · 국간장 ½작은술
- 소금 1작은술

쇠고기양념
- 간장 ⅔큰술
- 설탕 1작은술
- 다진 파 1작은술
- 다진 마늘 ½작은술
- 깨소금 ½작은술
- 후춧가루 ⅛작은술
- 참기름 1작은술

만드는 법

1 냄비에 쇠고기(양지머리)와 물을 붓고 끓어오르면, 중불로 낮추어 향채를 넣고 끓인 후 식혜 면포에 걸러 육수를 만든다.

2 두부는 가로 2cm, 세로 4cm, 두께 0.5cm 정도로 썰어, 소금을 뿌려 10분 정도 두었다가 물기를 닦은 후, 녹말을 묻혀, 팬을 지진다.

3 쇠고기의 ⅔는 길이 6cm로 채썰고, 나머지 ⅓은 다진 후 양념장에 넣고 각각 무친다. 다진 쇠고기는 직경 1.5cm 정도의 완자를 빚어 밀가루, 달걀물 순으로 하여 팬에 굴리면서 지진다.

4 표고버섯은 물에 불려 기둥을 떼고 물기를 닦아 채썰고, 느타리버섯은 데친 후 찢는다.

5 미나리는 잎을 떼어내고 깨끗이 씻어 데치고, 숙주는 꼬리를 떼어 깨끗이 씻고, 당근은 손질하여 가로 1.5cm, 세로 5cm, 두께 0.3cm 정도로 썰고, 죽순은 빗살 모양을 살려 당근 크기로 썬다.

6 호두는 따뜻한 물에 불려 속껍질을 벗기고, 달걀은 황백지단을 부쳐, 가로 1.5cm, 세로 5cm 정도로 썬다.

7 지진 두부에 양념한 다진 쇠고기를 얇게 펴 넣고, 두부 한쪽을 맞덮어 데친 미나리로 가운데를 묶는다.

8 전골냄비에 채썰어 양념한 쇠고기를 깔고, 그 위에 두부와 각종 채소들을 색깔 맞춰 돌려 담는다. 육수를 붓고 끓으면, 중불로 낮춰 끓이다가, 국간장과 소금으로 간을 맞춘다.

 Cooking Tip

- 전골은 전통적인 한국음식으로 음식상 옆에서 바로 조리해 먹는 즉석요리에 속한다.
- 궁중에서 먹는 대표적인 전골이다.
- 같은 색끼리 마주보게 돌려 담는다.

버섯전골

『동의보감(東醫寶鑑)』에 의하면 "버섯은 기운을 돋우며 식욕을 증진시키고 위장기능을 튼튼하게 한다. 또한 시력을 좋게 하며 안색을 밝게 해준다"고 기록되어 있으며, 항암효과의 대표적인 식재료로 맑은 육수와 전골로 끓이면 담백하면서 특유의 버섯 향을 즐길 수 있다.

재료 및 분량

- 느타리버섯 100g
- 새송이버섯 3개
- 생표고버섯 60g

부재료
- 쇠고기(우둔) 150g
- 쪽파 30g
- 미나리 50g
- 홍고추 1개

다시마육수
- 다시마 1장
- 대파 1대
- 통마늘 2개
- 국간장 1큰술
- 소금 1작은술

쇠고기양념장
- 국간장 ½작은술
- 설탕 ½작은술
- 다진 파 ½작은술
- 다진 마늘 ¼작은술
- 깨소금 ½작은술
- 후춧가루
- 참기름 ½작은술

만드는 법

1 느타리버섯과 새송이버섯·생표고버섯은 물에 살짝 씻어 길이 5cm, 폭·두께 0.5cm 정도로 썬다.

2 쇠고기는 길이 5cm, 폭·두께 0.3cm 정도로 채썰어, 쇠고기양념장으로 양념한다.

3 쪽파, 미나리는 깨끗이 다듬어 씻어, 길이 5cm 정도로 썬다.

4 홍고추는 씻어 길이로 채썬다.

5 찬물에 다시마와 대파, 통마늘을 넣고 끓여 면포에 거른 후 다시마 육수를 만든다.

6 전골냄비에 버섯과 재료를 돌려 담은 후 육수를 붓고 한번 끓으면 불을 낮춰 국간장과 소금으로 간을 맞춘 후 더 끓여 완성한다.

 Cooking Tip

- 송이버섯같이 향이 많은 버섯은 나중에 넣고 잠깐 끓여야 향과 맛이 풍으며, 생목이버섯, 만가닥버섯, 황금버섯 등 다양한 버섯을 사용해도 좋다.

쇠고기전골

전골은 고기, 생선, 채소 등의 여러 가지 식재료를 냄비에 넣고 육수를 조금 부은 다음 끓이면서 먹는 음식이다. 잘 차려진 상차림에는 신선로나 전골이 놓인다.

재료 및 분량

- 쇠고기(등심) 150g
- 표고버섯 4장
- 숙주 100g
- 무 100g
- 당근 ¼개
- 양파 100g
- 실파 50g
- 미나리 50g

부재료
- 잣 1작은술
- 달걀 1개
- 국간장 1큰술
- 소금 1큰술
- 참기름

육수용
- 쇠고기(사태) 100g
- 대파 50g, 마늘 20g

쇠고기양념장
- 국간장 ½큰술
- 설탕 ½작은술
- 다진 파 ½작은술
- 다진 마늘 1¼작은술
- 깨소금 ½작은술
- 참기름 ½작은술
- 후춧가루

만드는 법

1 육수용 쇠고기는 핏물을 제거하고 향채를 넣어 끓인 후 체에 걸러 놓는다.

2 쇠고기는 핏물을 닦고 길이 5cm, 폭·두께 0.5cm 정도로 채썰어 양념장의 ½분량을 넣어 양념한다.

3 표고버섯은 물에 1시간 정도 불려, 기둥을 떼고 물기를 닦아서 쇠고기와 같은 크기로 채썰어 양념장의 ½분량을 넣고 양념한다.

4 숙주는 머리와 꼬리를 떼고 끓는 물에 데쳐내어 소금, 참기름으로 밑간한다.

5 무와 당근·양파는 깨끗이 손질하여 씻은 후 길이 5cm, 폭 0.5cm로 채썬다.

6 실파와 미나리는 길이 5cm 정도로 자르고, 잣은 고깔을 뗀 뒤 면포로 닦는다.

7 전골냄비에 쇠고기와 표고버섯, 채소를 색깔 맞춰 돌려 담고 잣을 얹는다.

8 전골냄비에 육수를 붓고 끓으면 간을 맞추고 달걀을 중앙에 깨뜨려 넣고 더 끓인다.

 Cooking Tip

- 육수 대신 물을 사용하기도 한다.
- 채소는 계절에 맞게 사용해도 좋다. 특히 가을배추는 전골을 더욱 시원하게 한다.
- 육수용 쇠고기는 납작하게 썰어 전골 바닥에 깔아 놓는다.

도미면

도미살을 전유어로 부쳐 삶은 고기와 채소 등을 담고 끓인 장국을 이용한 궁중의 전골로 승기약탕(勝妓藥湯)이라 불리는데 '기생도 능가하는 탕'이라 하여 붙여진 이름이다.

재료 및 분량

- 도미 1마리 • 소금 • 흰 후춧가루
- 쇠고기(양지머리) 200g

향채
- 대파 50g • 마늘 20g

부재료
- 표고버섯 12개 • 석이버섯 1g
- 목이버섯 3장 • 쑥갓 20g
- 홍고추 1개 • 당면 40g • 호두 5개
- 은행 8개 • 잣 1작은술 • 달걀 3개
- 미나리 15g • 밀가루 3큰술
- 식용유 5큰술 • 국간장 ½큰술
- 소금 1작은술

육수양념
- 국간장 ½큰술
- 소금 1작은술

완자양념
- 다진 쇠고기(우둔) 20g
- 두부 10g, 달걀 1개 • 밀가루 • 식용유
- 간장 ½작은술 • 다진 파 ½작은술
- 다진 마늘 ¼ 작은술
- 후춧가루 • 참기름 ½작은술

만드는 법

1 도미는 비늘을 긁고 지느러미를 잘라, 내장을 빼내고 깨끗이 씻은 후, 양쪽으로 포를 떠서 가로 4cm, 세로 5cm 정도로 저며 썰어, 소금과 흰 후춧가루를 뿌려두었다가 물기를 닦는다.

2 도미 포는 밀가루를 입히고 달걀물을 씌운 다음 팬을 달구어 식용유를 두르고, 중불에서 지진다.

3 냄비에 육수용 쇠고기와 향채, 물을 붓고 끓으면 중불로 낮추어 끓인 후, 육수는 식혀서 면포에 거르고 국간장과 소금으로 양념한다. 쇠고기는 건져서 편육으로 썬다.

4 완자용 두부는 면포로 물기를 짜서 곱게 으깨어, 다진 쇠고기와 같이 양념장을 넣고 양념하여, 직경 1.5cm 정도로 완자를 빚어 밀가루를 입히고 달걀물을 씌워, 팬에 굴려가며 지진다.

5 표고버섯과 석이버섯·목이버섯은 물에 불려, 표고버섯은 기둥을 떼고 물기를 닦아서 가로 2cm, 세로 4~5cm 크기로 썰고, 석이버섯은 비벼 씻어 가운데 돌기를 떼어내고 물기를 닦아, 곱게 다져 달걀흰자를 넣고 섞는다. 목이버섯은 손질하여 떼어놓는다.

6 쑥갓은 다듬어 깨끗이 씻고, 홍고추는 길이로 반을 잘라 가로 2cm, 세로 4~5cm 크기로 썬다. 당면은 물에 불린다.

7 호두는 따뜻한 물에 불려 속껍질을 벗기고, 은행은 팬을 달구어 식용유를 두르고 볶아 껍질을 벗긴다. 잣은 고깔을 떼어 면포로 닦는다.

8 황백지단과 석이지단·미나리초대를 부쳐, 표고버섯과 같은 크기로 썬다.

9 전골냄비에 편육과 당면을 깔고, 그 위에 도미 머리와 뼈를 올린다. 그 위에 도미전과 지단·채소·견과류를 색 맞추어 돌려 담고 육수를 부어, 끓으면 간하고 쑥갓을 넣는다.

Cooking Tip

- 양지머리 육수를 부어 끓인 후 삶은 국수나 만두를 넣어 먹기도 한다.
- 손질한 도미는 찜통에 찌거나 팬에 지져 내기도 한다.

낙지전골

낙지는 단백질과 철분, 칼슘 등의 무기질이 풍부한 강장식품으로 콜레스테롤을 낮추고 신진대사를 왕성하게 한다.

재료 및 분량

- 낙지 2마리

부재료
- 쇠고기 200g · 느타리버섯 20g
- 양파 1개 · 미나리 40g
- 대파 1대 · 쑥갓 20g · 홍고추 1개

육수
- 다시마 20g
- 무 100g
- 다시멸치 20g

쇠고기양념
- 간장 ⅔큰술
- 설탕 1작은술
- 다진 파 1작은술
- 다진 마늘 ½작은술
- 깨소금 ½작은술
- 후춧가루 ⅛작은술
- 참기름 1작은술

낙지양념
- 고춧가루 2큰술
- 다진 파 1큰술
- 다진 마늘 1큰술
- 다진 생강 ½작은술
- 국간장 1큰술
- 깨소금 1작은술

만드는 법

1 낙지는 소금으로 문질러 깨끗이 씻은 뒤 5cm 길이로 잘라 양념장에 버무린다.

2 육수는 찬물에 다시마, 무, 다시멸치를 넣고 끓여 깨끗이 걸러 준비한다.

3 쇠고기는 5cm로 채썰어 쇠고기양념에 버무려 간을 한다.

4 느타리버섯은 손으로 찢고, 양파는 굵게 채썬다.

5 미나리는 줄기만 5cm 길이로 자르고, 대파도 같은 크기로 자른다.

6 쑥갓도 손질하여 준비하고, 홍고추는 채썬다.

7 전골냄비에 채소와 쇠고기를 담고 양념한 낙지와 육수를 넣고 끓이다가 소금으로 간한다.

 Cooking Tip

- 예전에 태안에서 먹던 박속밀국낙지탕은 시원한 맛이 강한 반면에 낙지와 채소만으로 끓인 연포탕은 맛이 더 진하다.

어복쟁반

어복쟁반은 평양시장의 상인들이 커다란 놋 쟁반에 각종 고기와 채소를 넣고 끓여 먹던 것에서 비롯된 음식이다. 원래 우복(牛腹)쟁반이었다가 나중에 이름이 바뀐 것이라고 말하기도 한다.

재료 및 분량

- 도가니 600g
- 우설 400g
- 쇠고기(양지머리) 300g

향채
- 대파 50g
- 마늘 50g
- 통후추 1작은술

부재료
- 표고버섯 5장
- 느타리버섯 150g
- 달걀 2개
- 배 ¼개
- 잣 1큰술
- 메밀국수 100g

육수양념장
- 국간장 2작은술
- 소금 1작은술

편육·버섯양념
- 소금 2작은술
- 참기름 2작은술

양념장
- 국간장 2½큰술
- 굵은 고춧가루 1작은술
- 다진 파 1큰술
- 다진 마늘 ½큰술
- 깨소금 1작은술
- 참기름 ½큰술

만드는 법

1 도가니와 우설은 물에 담가 핏물을 뺀 다음 끓는 물에 튀한 후 우설은 껍질을 벗긴다.

2 냄비에 물을 붓고 ①을 넣은 후 3~4시간 끓이면서 쇠고기와 향채를 넣고 1시간 더 끓여, 육수는 식혀서 면포에 거른 후 국간장과 소금으로 간을 한다.

3 도가니, 우설, 쇠고기는 건져서 편육으로 썰고 양념을 한다.

4 표고버섯은 물에 불려 기둥을 뗀 뒤 채썰고, 느타리버섯은 데친 후 찢어서 양념한다.

5 달걀은 삶아서 4등분하고, 메밀국수는 삶아서 찬물에 비벼 씻어 물기를 뺀다.

6 배는 껍질을 제거한 뒤 채썰고, 잣은 고깔을 떼어 면포로 닦는다.

7 양념장을 만든다.

8 전골냄비에 양념한 편육과 표고버섯, 느타리버섯, 달걀, 배, 잣을 올린 후 메밀국수를 돌려 담고, 장국을 부은 다음 끓여, 양념장과 함께 낸다.

 Cooking Tip

- 우설은 끓는 물에 튀한 후 껍질을 벗겨야 잘 벗겨진다.

신선로

입을 즐겁게 하는 탕이라 하여 열구자탕(悅口子湯)이라고도 한다. 여러 가지 어육과 채소를 색스럽게 돌려 담고 장국을 부어 끓이면서 먹는 음식이다.

재료 및 분량

- 쇠고기(우둔) 300g · 간 200g
- 처녑 300g · 동태 200g
- 미나리 100g · 당근 1개
- 표고버섯 5장 · 석이버섯 10g
- 호두 20g · 은행 10알
- 홍고추 1개 · 달걀 6개
- 파 1뿌리

부재료
- 밀가루 1컵

고기양념
- 간장 2큰술 · 설탕 1½큰술
- 다진 파 2큰술 · 다진 마늘 1큰술
- 참기름 ½작은술 · 후춧가루

육수용
- 쇠고기(양지) 200g
- 마늘 2쪽 · 무 ⅓개 · 파 15g
- 다시마 5g · 소금

만드는 법

1 육수용 재료를 넣고 끓여 육수를 만들고, 익힌 무는 0.5~0.7cm 두께로 나박나박 썬다.

2 쇠고기 ⅔는 곱게 채쳐 양념하여 볶고, 나머지는 직경 0.5cm가 되게 완자를 만든다.

3 처녑은 소금에 빡빡 문질러 씻은 후, 끓는 물에 살짝 넣어 냄새를 제거한 다음 잔칼집을 넣어 전을 부치고, 간과 동태도 얇게 포를 떠서 전으로 부친다. 표고버섯도 같은 크기로 썰어준다.

4 미나리는 잎을 떼고 10cm로 썰어 꼬치로 위와 아래 양쪽에 꽂는다. 밀가루와 달걀을 씌워 부쳐 미나리초대를 만든다. 석이버섯은 씻어 곱게 다진 후 흰자와 섞어 지단을 부친다. 달걀도 황백으로 나눠 지단을 부친다. 당근도 썰어 데쳐 낸다.
홍고추도 같은 크기로 준비한다.

5 호두는 미지근한 물에 담가 껍질을 벗기고, 은행은 소금을 뿌려 볶아 뜨거울 때 종이로 문질러 껍질을 벗긴다.

6 색을 맞추어 예쁘게 돌려 담는다. 먹기 직전에 육수를 붓고 끓인다.

 Cooking Tip

- 신선로에 들어가는 재료를 미리 만들어 냉동시켜 두었다가 급할 때 조리해서 먹어도 괜찮다.

해물신선로

그릇부터 색다른 신선로는 음식을 맛보기도 전에 먼저 분위기에 취하게 된다. 신선로는 화통이 가운데 있어 그 속에 숯불을 넣고 끓여 먹는 탕의 일종이다.

재료 및 분량

- 새우(大) 4마리
- 불린 해삼 1마리
- 오징어 1마리
- 패주 3개
- 전복 2마리
- 소라 1개

부재료
- 무 200g
- 배추 잎 150g
- 팽이버섯 50g
- 홍고추 ½개
- 쑥갓잎 50g
- 다진 파 1작은술
- 다진 마늘 ½작은술

육수
- 물 6컵
- 청주 1큰술
- 건고추 1개
- 마늘 2알

육수양념
- 국간장 1큰술
- 소금 1작은술
- 다진 마늘 ½큰술
- 후춧가루 ⅛작은술

만드는 법

1 오징어는 껍질을 벗기고 0.5cm 간격, 사선방향으로 칼집을 낸 뒤 6cm 길이로 도톰하게 썰고 오징어다리는 육수를 낼 때 사용한다.

2 해삼은 깨끗하게 손질한 뒤 6cm 길이로 도톰하게 썰고, 새우는 내장을 제거한 뒤 껍질을 벗겨 2등분하여 저며준다. 패주는 모양대로 도톰하게 저민다.

3 끓는 물에 새우껍질, 오징어다리, 건고추, 저민 마늘, 청주를 넣고 뚜껑을 닫아서 1분 정도 끓인 다음 체에 걸러 육수만 따로 준비하여 간한다.

4 끓는 물에 무와 배추 잎을 데쳐서 찬물에 헹군 후 무는 도톰하게 나박나박 썰고, 배추 잎은 무와 같은 크기로 썰어 양념을 넣고 조물조물 무친다.

5 신선로에 배추 잎과 무, 팽이버섯 ½봉을 깔고 해물을 돌려 담아 육수를 부어 끓인다.

6 먹기 직전에 홍고추, 쑥갓, 팽이버섯을 넣어 한소끔 끓여 낸다.

 Cooking Tip

- 해물이 많이 들어가므로 너무 오래 끓이지 않는다.

韓食美學

korean — style food

찜

궁중닭찜 · 쇠갈비찜 · 북어찜 · 떡찜 · 대하찜
등갈비김치찜 · 닭찜 · 연저육찜
매운 갈비찜 · 오징어순대

찜

궁중닭찜

궁중닭찜은 조선시대 궁중음식으로 삶은 닭고기를 발라내어 굵직하게 찢은 뒤에 버섯과 밀가루, 달걀을 풀어 걸쭉하게 끓인 것으로, 기름기가 없어 담백하고 부드러운 맛이 특징이다.

재료 및 분량

- 닭(중) 1마리

향채
- 파 20g
- 마늘 15g
- 양파 50g

부재료
- 표고버섯 3장
- 목이버섯 3g
- 석이버섯 3g
- 녹말가루 2큰술
- 달걀 1개
- 소금
- 후춧가루

양념
- 소금 ¼작은술
- 다진 파 1작은술
- 다진 마늘 ½작은술

만드는 법

1 닭은 내장과 기름을 떼어내고 깨끗이 씻어, 냄비에 넣고 끓으면 중불로 낮추어 향채를 넣고 더 끓인다.

2 닭은 건져서 살을 발라 길이로 찢어 양념하고, 국물은 식혀서 면포에 걸러 닭육수를 만든다.

3 표고버섯과 목이버섯, 석이버섯은 물에 불린 다음, 표고버섯은 기둥을 떼고 물기를 닦아 채썰고, 목이버섯은 한 잎씩 떼어 자르고, 석이버섯은 비벼 씻어 가운데 돌기를 떼어낸 뒤 채썬다.

4 냄비에 닭육수를 붓고 센 불에서 끓으면 닭살과 표고버섯, 목이버섯, 석이버섯을 넣고 끓이다가, 중불로 낮추어 끓인 후 소금과 후춧가루로 간한다.

5 물녹말을 넣고 끓이다가 달걀물로 줄알을 풀고 더 끓인다.

 Cooking Tip

- 달걀물로 줄알을 칠 때는 약불로 하고, 물녹말 대신 밀가루를 사용하기도 한다.

쇠갈비찜

쇠갈비에 무나 표고버섯 등의 채소를 넣고 갖은 양념을 하여 찐 음식이다. 찜은 부재료가 많이 들어가 영양적으로 우수하며 맛이 좋고 모양이 흐트러지지 않는 조리법이다.

재료 및 분량

- 쇠갈비(찜용) 1kg
- 청주 ½컵
- 깐 밤 10개
- 무 100g
- 표고버섯 5개
- 당근 60g

부재료

- 대파 100g
- 양파 200g
- 통마늘 50g
- 건고추 3개
- 배 ½개
- 사과 ½개

양념장

- 간장 1컵
- 설탕 70g
- 올리고당 100g
- 육수 6컵
- 청주 ¼컵
- 꿀 1큰술
- 참기름 3큰술
- 깨소금 2큰술
- 후춧가루 ½작은술

만드는 법

1 찜용 쇠갈비는 사방 5~6cm 크기로 썰어 찬물에 2시간 정도 담가 핏물을 뺀다.

2 끓는 물에 갈비를 넣어 1차로 삶고 다시 끓는 물에 청주를 넣어 갈비가 속까지 익을 정도로 2차 삶아내기를 한다.

3 무와 당근은 밤처럼 모서리를 둥글게 굴려 반 정도만 익게 데치고, 표고버섯은 미지근한 물에 불린다.

4 냄비에 갈비찜, 믹서에 간 부재료와 양념을 넣고 40~50분 정도 끓이면서 기름기를 걷어낸다.

5 준비한 무, 당근, 표고버섯, 꿀을 한데 넣어 어우러지게 조린다.

Cooking Tip

- 갈비찜은 국물이 자작하도록 넉넉하게 육수를 준비하여 끓이도록 한다.
- 식혀서 굳기름을 걷어내고 사용하면 더욱 깔끔한 맛을 낼 수 있다.
- 무 대신 고구마, 단호박을 첨가하기도 하는데, 너무 오래 끓이면 뭉그러지므로 거의 익었을 때 넣도록 한다.
- 갈비찜을 너무 센 불에서 단시간에 끓여내면 질겨지므로 센 불에서 조리한 후 약한 불에서 충분히 끓여 육질을 부드럽게 한다.

북어찜

북어를 물에 담가 부드럽게 불린 후 갖은 양념하여 찐 음식이다. 북어는 칼슘과 단백질이 풍부하여 혈중 콜레스테롤 수치를 떨어뜨리고 혈압을 조절해 주는 효능이 있다.

재료 및 분량

- 북어 1마리
- 물 1컵
- 대파 20g
- 실고추

부재료

- 간장 3큰술
- 다진 파 2큰술
- 다진 마늘 1큰술
- 생강 2작은술
- 설탕 1큰술
- 깨소금 1큰술
- 후춧가루 ⅓작은술
- 참기름 1큰술

만드는 법

1 북어를 두들겨 부드럽게 한 다음, 등뼈를 제거하여 물에 불린 후 지느러미를 제거하여 5cm 정도로 토막낸 후 껍질 쪽에 잔칼집을 넣는다.

2 양념장에 물 1컵을 붓고 북어를 재운다.

3 양념장에 재운 북어를 냄비에 차곡차곡 담아 익힌 다음 실고추, 채친 파를 얹어 한소끔 끓인다.

4 물기가 자작할 때 불을 끈다.

 Cooking Tip

- 고춧가루 또는 실고추를 넣는다.
- 북어찜을 안칠 때는 껍질이 아래쪽으로 가도록 담는다.
- 북이는 단백질이 풍부하고 지방이 없어 담백하다.

대하찜

궁중요리의 하나인 대하찜은 전라북도 지역의 교자상에도 오르는 여름철 찜요리로 끓이지 않고 찐 것을 고소한 잣즙으로 버무려 그 맛이 고급스럽다. 새우는 신장의 기능을 강화시키고 양기를 왕성하게 하는 강장식품이다.

재료 및 분량

- 대하 5마리
- 쇠고기(사태, 양지) 100g
- 죽순 100g
- 오이 ½개

부재료

- 생강
- 마늘
- 소금
- 후춧가루

잣즙

- 잣가루 3큰술
- 육수(새우 삶은 물) 2큰술
- 소금 ½작은술

만드는 법

1 새우는 등 쪽의 내장을 제거하고 소금물에 씻어 물기를 제거한다.

2 손질한 대하는 찜통에 넣어 김이 오르면 10분 정도 찐다.

3 오이는 소금으로 문질러 씻은 후 어슷하게 썰어 소금에 살짝 절였다가 물기를 짜서 기름에 볶는다.

4 죽순은 1.5×4cm로 썰어 소금, 참기름을 넣고 살짝 볶는다.

5 사태는 물을 붓고 끓이다가 생강, 마늘을 넣고 푹 삶는다. 익으면 꺼내서 편으로 썰어 소금, 후춧가루, 참기름으로 양념한다.

6 쩌낸 새우의 껍질을 벗기고, 길이로 ½등분하여 재료와 같은 크기로 자른다.

7 잣즙소스에 잘 섞은 재료를 버무려 낸다.

 Cooking Tip

- 대하찜은 여름철 음식이다.
- 오이는 너무 얇게 썰지 않는다.
- 대하 − 찜, 튀김 / 중하 − 찬, 마른반찬 / 세하 − 젓갈 / 자하 − 곤쟁이젓
- 죽순은 빗살무늬가 보이게 썬다.
- 대하는 반드시 내장을 제거한다.

등갈비김치찜

김치찜으로는 푹 익은 김장김치가 좋으며, 등갈비 대신 싱싱한 고등어를 사용하여 김치찜을 끓이기도 한다.

재료 및 분량

- 돈등갈비 1대
- 묵은 배추김치 400g
- 김칫국 40g

부재료

- 대파 20g
- 청고추 ½개
- 홍고추 ½개
- 다시마 10g
- 쌀뜨물

양념

- 설탕 1작은술
- 고춧가루 1작은술
- 생강즙 1작은술
- 청주 1작은술
- 다진 마늘 ½큰술

만드는 법

1 등갈비는 핏물을 뺀 후 쌀뜨물에 넣고 삶는다.

2 냄비에 물을 붓고 끓으면 다시마를 넣고 불을 끈 다음 20분 정도 두었다가, 체에 걸러 다시마국물을 만든다.

3 묵은 배추김치는 속을 털어내고 밑둥을 잘라낸 다음 길이로 반을 자른다.

4 파와 청·홍고추는 어슷썬다.

5 냄비에 묵은 배추김치와 등갈비를 넣고 양념과 다시마국물과 김칫국을 붓는다. 센 불에서 끓으면 중불로 낮추어 끓인 다음 약불로 낮추어 끓인다.

6 대파와 청·홍고추를 넣고 더 끓인다.

 Cooking Tip

- 김치 속이 많으면 텁텁해지므로 조리 전에 속을 털어낸다.

닭찜

닭찜은 닭을 토막내어 삶아서 양념장을 넣고 윤기나게 만든 찜으로 조선시대의 궁중음식이다. 허약한 체력과 양기를 보하여 냉기를 다스리는 데 좋은 음식이다.

재료 및 분량

- 닭 600g(약 ½마리)

닭 밑간양념
- 소금 1작은술
- 청주 2큰술
- 생강즙 1큰술
- 후춧가루 ⅓작은술

부재료
- 표고버섯 2장
- 당근 100g
- 양파 100g
- 달걀 1개

양념장
- 간장 3½큰술
- 설탕 1큰술
- 조청 2큰술
- 다진 마늘 1큰술
- 다진 파 2큰술
- 깨소금 1큰술
- 참기름 1큰술
- 후춧가루 ⅛작은술

만드는 법

1 닭은 알맞은 크기로 토막내어 칼집을 넣고 밑양념을 한다.

2 표고는 불려서 4등분하고, 당근은 모서리를 동글려 썰고, 양파는 1cm 두께로 채썬다.

3 달걀은 황백지단을 부친다.

4 닭은 끓는 물에 튀한 후 양념장의 1/2분량을 붓고 끓이다가 당근과 나머지 양념장을 넣는다.

5 국물이 자작해지면 표고, 양파를 넣고 완전히 익혀 황백지단을 올려 담아 낸다.

 Cooking Tip

- 양념장은 한번에 넣지 않고 나누어가면서 넣어야 윤기도 나고 맛도 있다.

연저육찜

연저란 새끼돼지를 말하며 임금님 수라상에 올렸던 음식으로, 육질이 부드럽고 맛이 좋아 입맛을 잃은 사람에게 제격인 음식이다.

재료 및 분량

- 통삼겹살 600g
- 두부 150g
- 인삼 25g
- 대추 5알
- 은행 10알
- 호두 20g

부재료
향채
- 대파 1대
- 마늘 5알
- 생강 1톨

양념
- 간장 ½컵
- 물 ½컵
- 설탕 ¼컵
- 물엿 ¼컵
- 다진 파 25g
- 다진 마늘 10g
- 다진 생강 15g

만드는 법

1 통삼겹살을 향채와 함께 넣고 20~30분간 삶은 다음 얼음물을 부어 기름을 뺀다.

2 두부는 사방 2cm 크기로 잘라 프라이팬에 기름을 두르고 노릇하게 구워준다.

3 대추는 돌려깎기하여 2등분한다.

4 은행은 팬에 구워 껍질을 벗긴다.

5 삶아 놓은 통삼겹살은 프라이팬에 노릇하게 지진 후 기름을 따라버린다.

6 준비한 양념장의 ½ 정도를 통삼겹에 부어 끓인다. 이때 인삼, 대추, 은행, 두부, 호두를 넣고 끓이다가 나머지 양념장을 마저 넣고 함께 조린다.

 Cooking Tip

- 뚜껑을 닫고 조리다가 끓기 시작하면 열고 조려야 윤기가 난다.

매운 갈비찜

말린 월남고추, 절인 할라피뇨와 카스카벨 고추, 절인 쥐똥고추 등이 매운 음식을 만들 때 넣을 수 있는 식재료이다.

재료 및 분량

- 쇠갈비 700g
- 아롱사태 500g
- 가래떡 200g
- 당근 ⅓개
- 양파 1개
- 고구마 2개

향채
- 통후추 1큰술
- 양파 1개
- 통마늘 10개
- 대파 3대
- 생강 20g
- 청주 2큰술

양념장
- 매운 청양고춧가루 6큰술
- 고추장 3큰술
- 다진 마늘 5큰술
- 생강즙 2큰술
- 후춧가루 ⅛작은술
- 청주 1큰술
- 설탕 ½컵
- 참기름 1큰술
- 물엿 1큰술
- 배즙 3큰술
- 간장 ½컵

만드는 법

1 갈비와 아롱사태를 끓는 물에 데쳐서 건져 놓고 향채와 잠길 정도의 물을 부어 육수 5컵이 나오도록 끓여준다.

2 당근, 고구마는 깍둑썰기하여 모서리깎기를 하고 양파는 굵게 채 썬다.

3 당근, 고구마는 살짝 한 번 데쳐준다.

4 양념장은 육수 1컵과 섞어 준비한다.

5 갈비와 아롱사태는 육수 3컵을 부어 양념장을 넣고 자작하게 졸이면서 남은 육수를 가미한다.

6 마지막에 가래떡을 넣고 한소끔 끓여 완성한다.

Cooking Tip

- 약불에서 오래도록 조리해야 고기가 부드럽고 간이 잘 밴다.
- 쇠고기요리를 할 때에는 참기름을 넉넉히 사용하는 것이 좋다. 필수지방산이 많은 참기름은 콜레스테롤이 혈관에 끼는 것을 막아주기 때문이다.

오징어순대

오징어순대는 강원도의 향토음식으로 명태순대와 같이 즐겨 먹으며, 싱싱하고 작은 오징어에 여러 재료로 소를 만들어 넣고 찐 음식이다.

재료 및 분량

- 오징어(소) 2마리

부재료
- 찹쌀 50g
- 숙주 50g
- 두부 30g
- 양파 20g
- 청고추 1개
- 홍고추 ½개
- 밀가루 1큰술
- 꼬치 2개

소양념
- 소금 ½작은술
- 설탕 ¼작은술
- 다진 파 1작은술
- 다진 마늘 ½작은술
- 깨소금 1작은술
- 참기름 1작은술
- 달걀흰자 1개
- 후춧가루

초간장
- 간장 1큰술
- 식초 1큰술
- 물 1큰술

만드는 법

1 오징어는 다리를 떼고 내장을 빼낸 뒤 깨끗이 씻어 준비하고, 다리살은 다진다.

2 찹쌀은 물에 불려 체에 밭쳐 물기를 뺀 다음, 찜기에 면포를 깔고 불린 찹쌀을 넣어 찐다.

3 숙주는 꼬리를 떼고 데친 후 다져서 물기를 짜고, 두부는 면포로 물기를 짜서 곱게 으깨고, 양파는 다져서 면포로 물기를 짠다.

4 청·홍고추는 다지고 초간장을 만든다.

5 그릇에 오징어 다리살과 찐 찰밥, 숙주, 두부, 양파, 청·홍고추 다진 것, 양념을 넣고 고루 섞어 오징어순대 소를 만든다.

6 오징어 몸통 속에 밀가루를 고루 묻히고 남은 밀가루는 털어낸 다음 소를 채워 넣고 입구를 꼬치로 꿴다.

7 찜기에 김이 오르면 오징어순대를 넣고 15분 정도 찐다.

8 한 김 나가면 오징어순대를 폭 1cm 정도로 썰고 초간장과 함께 낸다.

 Cooking Tip

- 오징어는 통으로 배를 가르지 않고 내장을 떼어내어야 한다.
- 몸통과 속이 분리되지 않게 하려면 나무꼬치로 침을 줘서 찌면 된다.

韓食美學

korean - style food

선

두부선 · 어선 · 삼계선

두부선

으깬 두부와 다진 닭고기를 섞어 평평하게 편 후 황백지단, 석이버섯, 실고추, 잣을 고명으로 얹어 찐 음식으로 초간장이나 겨자간장을 곁들여 먹는다.

재료 및 분량

- 두부 1모
- 닭(안심) 100g

부재료
- 밀가루 3큰술
- 소금 1큰술
- 생강 1작은술
- 깨소금 2작은술
- 참기름 1큰술

고명
- 표고버섯 1장
- 대추 3알
- 잣 15알
- 석이버섯 2장
- 달걀 1개

만드는 법

1 두부는 거즈에 싸서 물기를 짠 뒤 으깬다.

2 닭고기는 곱게 다진다.

3 표고버섯은 불려 기둥을 떼고 곱게 채썬다.

4 석이버섯은 불려 뒷면의 이끼와 돌을 제거하고 곱게 채썬다.

5 대추는 돌려깎기하여 채썰고, 잣은 고깔을 떼어 놓는다.

6 달걀은 황백지단을 부친 후 2×0.1cm로 곱게 채썬다.

7 ①, ②를 섞어 치대다가 달걀흰자와 밀가루를 넣어 양념하고 고루 섞어 납작한 접시에 1cm 두께로 펴놓는다.

8 ⑦에 ④~⑥을 고루 뿌려 눌러주고, 김이 오른 찜통에 중불에서 10분간 쪄낸 후 식힌다.

9 ⑧을 3×3cm로 썰어 접시에 보기 좋게 담아 낸다.

 Cooking Tip

- 식은 후에 썰어야 모양이 흐트러지지 않는다.
- 고명으로 쓰이는 것들은 아주 곱게 채썬다.

선

어선

얇게 포 뜬 하얀 생선살 위에 채소와 쇠고기, 석이버섯 채썬 것을 올리고 돌돌 말아 녹말가루를 묻혀 찐 음식이다.

재료 및 분량

- 흰살 생선 200g
- 오이 60g
- 석이버섯 2장
- 달걀 1개
- 당근 30g
- 표고버섯 2장
- 홍고추 ¼개

부재료

- 소금 1½작은술
- 흰 후춧가루
- 청주 2작은술
- 녹말가루 ½컵
- 참기름 ¼작은술
- 깨소금 ½작은술

만드는 법

1 흰살 생선은 길이로 넓게 포를 뜬 다음 청주, 소금, 후춧가루를 뿌려 놓는다.

2 오이는 5cm 길이로 썰어 돌려깎기한 뒤 두께 0.1cm로 채썰고, 당근도 같은 크기로 채썬다.

3 홍고추는 반으로 갈라 씨를 빼고 곱게 채썬다.

4 표고버섯, 석이버섯은 물에 불려 깨끗이 손질한 후 곱게 채썬다.

5 달걀은 흰자, 노른자로 갈라 지단을 부친 다음 채썬다.

6 ②~④는 각각 볶아, 물기를 꼭 짠 후 양념한다.

7 김발을 펴고 녹말가루를 뿌린 뒤, ①의 생선살을 잘 편다. (크기가 작을 경우 결을 맞추어 몇 개 연결한다.)

8 ⑦에 다시 녹말가루를 고루 뿌리고 ⑥을 길게 가지런히 하여 꼭꼭 눌러 놓고 김밥 말듯 누르면서 만다.

9 김이 오른 찜통에 ⑧을 넣고 8분간 찐 다음 식혀서 썰어 담는다.

 Cooking Tip

- 속에 넣는 재료는 색에 유의하여 볶는다.
- 생선 위에 녹말가루를 충분히 뿌리고 속재료는 물기 없이 볶아 식혀 놓는다.
- 생선살의 포를 얇게 떠야 물이 생기지 않고 익히는 데 시간이 덜 걸린다.
- 생선은 넓게 포를 떠야 한다.
- 썰어 담아 낼 때는 찐 어선의 모양이 부서지지 않아야 한다.

삼계선

닭과 인삼은 궁합이 잘 맞아 여름철 보신음식으로 즐겨 먹으며, 부드럽고 좋다는 의미가 내포된 '선(膳)'은 전통 궁중음식으로 채소를 주재료에 넣어 쪄내는 일종의 찜요리이다.

재료 및 분량

- 닭(안심) 200g
- 미삼 3뿌리
- 대추 15개

부재료

- 대추 20g
- 녹말가루 3큰술
- 소금 ½작은술
- 후춧가루 1/3작은술

겨자양념

- 겨자 1큰술
- 물 1큰술
- 식초 1큰술
- 설탕 2큰술
- 소금 1작은술

만드는 법

1 닭안심은 힘줄을 잘라내고 곱게 다진 후 소금, 후춧가루로 밑간하여 잘 치대어 끈기가 생기도록 한다.

2 미삼은 지름 0.5cm 정도 굵기로 손질하고, 대추는 돌려깎기하여 껍질 속에 다진 대추를 넣고 중심에 미삼을 얹어 오므려서 잘 싼다.

3 김발 위에 젖은 면포를 깔고 다진 닭안심을 얇게 편 다음 미삼을 싼 대추를 넣고 돌돌 말아 끝부분에 녹말가루를 살짝 뿌려 잘 붙도록 한다.

4 면포에 싼 채로 20분 정도 쪄내고, 한 김 나가면 1.5~2cm 두께로 썰어 담고 겨자장을 곁들인다.

Cooking Tip

- 닭안심은 곱게 다져 오래도록 치대어야 김발로 말아 찜통에 쪘을 때 갈라지지 않는다.

韓食美學

korean – style food

볶음

멸치볶음 • 궁중떡볶이 • 떡볶이 • 낙지볶음
매운 해물볶음우동 • 꽈리고추멸치볶음
보리새우볶음 • 말린 묵볶음

멸치볶음

멸치는 말려서 볶아 먹거나 조려 먹을 수 있고, 멸치젓으로 담그기도 한다. 남해안 지역에서는 생멸치로 멸치찌개를 끓여 먹기도 한다.

재료 및 분량

- 잔멸치 50g
- 식용유 1큰술

부재료

- 마늘 10g
- 청고추 ½개
- 홍고추 ½개

양념

- 간장 1큰술
- 물엿 ⅔큰술
- 통깨 ½작은술
- 참기름 ½큰술

만드는 법

1 잔멸치는 잡티를 골라낸다.

2 마늘과 청·홍고추는 다진다.

3 팬에 식용유를 두르고 잔멸치를 넣고 약불에서 볶다가 마늘과 간장, 물엿을 넣고 볶는다.

4 마지막에 청·홍고추와 통깨, 참기름을 넣고 더 볶는다.

 Cooking Tip

- 오래된 멸치의 냄새를 제거하기 위해서는 팬에 청주와 함께 약불로 볶으면 좋다.
- 너무 오래 볶으면 딱딱해지므로 주의한다.
- 고추장소스나 간장소스를 이용해도 좋다.

궁중떡볶이

궁중떡볶이는 옛 궁궐에서 왕자와 공주들의 간식과 임금님의 수라상에 올렸던 떡볶이를 뜻한다. 쇠고기와 함께 떡과 채소를 곁들이므로 영양적으로도 훌륭한 음식이다.

재료 및 분량

- 떡볶이떡 300g
- 쇠고기 100g
- 표고버섯 50g
- 양파 ¼개
- 당근 ⅔개
- 시금치 50g

부재료
- 간장 1작은술
- 설탕 ½큰술
- 참기름 1작은술
- 다진 마늘 1작은술
- 다진 파 ½작은술
- 소금 ⅛작은술
- 후춧가루 ⅛작은술

떡볶이양념
- 간장 1큰술
- 설탕 ½큰술
- 꿀 1작은술
- 다진 마늘 1작은술
- 다진 파 ½작은술
- 참기름 1작은술
- 소금 ⅛작은술
- 후춧가루 ⅛작은술

만드는 법

1 떡볶이떡은 4cm 길이로 썰어 끓는 물에 소금을 넣고 데친 후 찬물로 헹궈 참기름을 발라 놓는다.

2 쇠고기는 굵게 채썰고, 양파, 당근, 표고버섯도 고기 크기로 채 썬다.

3 시금치는 손질하여 데친다.

4 쇠고기와 표고버섯은 고기양념으로 양념한 후, 프라이팬에 기름을 두르고 양파를 볶다가 다른 채소를 넣고 볶다가 쇠고기, 표고, 떡, 시금치의 순으로 넣어 볶는다.

5 재료에 간이 들지 않으면 소금으로 간을 마무리한다.

Cooking Tip

- 궁중떡볶이는 잡채에서 나온 음식으로 잡채처럼 채소와 고기를 재료로 삼되 당면 대신 쌀떡을 넣은 것으로, 쇠고기와 생나물, 마른 나물을 듬뿍 넣고 고추장 대신 간장으로 양념한 것이다.

떡볶이

떡볶이는 고추장으로 양념하여 만든 매운 음식으로, 남녀노소 불문하고 모두가 좋아하는 한국의 대표적인 길거리 음식이다. 한국전쟁 직후에 개발된 것으로 본다.

재료 및 분량

- 떡볶이떡 300g

부재료
- 어묵 100g
- 양배추 150g
- 달걀 2개
- 대파 20g

양념장
- 고추장 2½큰술
- 고춧가루 ½큰술
- 설탕 1큰술
- 물엿 1큰술
- 다진 마늘 ½큰술
- 물 ½컵

만드는 법

1 어묵은 가로 4cm, 세로 6cm 정도로 썰고, 양배추는 다듬어 씻어 길이 6cm, 폭 2cm 정도로 썰고, 파는 다듬어 어슷썬다.

2 양념장을 만들고, 달걀은 삶아서 껍질을 벗긴다.

3 팬에 물을 붓고 양념장과 어묵을 넣어 센 불에 끓이다가 떡볶이떡과 양배추를 넣고 중불로 낮추어 끓인 다음 달걀과 대파를 넣고 더 끓인다.

 Cooking Tip

- 쌀떡으로 할 경우, 시간이 지나면 붙게 되므로 즉석요리에 좋으며, 밀떡은 잘 붙지 않는 특징이 있다.

낙지볶음

옛날 한여름에 쓰러진 황소에게 낙지 한 마리를 먹였더니 벌떡 일어났다는 이야기가 전해 내려올 정도로 낙지는 스태미나를 높이는 질 좋은 단백질을 함유한 고급음식으로 타우린 성분이 약 34% 들어 있어 바다의 인삼이라 불리는 강장식품이다.

재료 및 분량

- 낙지 150g(약 1마리)
- 양파 ¼개
- 대파 20g
- 풋고추 ½개
- 홍고추 ½개

부재료
- 고추장 1큰술
- 고춧가루 2큰술
- 간장 1큰술
- 고추기름 2작은술
- 설탕 2작은술
- 청주 1작은술
- 물엿 2작은술
- 마늘 1작은술

만드는 법

1 낙지는 밀가루와 소금으로 바락바락 주물러 불순물을 제거한 후 4cm 크기로 잘라 끓는 물에 살짝 데친다.

2 양파는 굵게 채썰고 대파, 홍고추, 풋고추는 어슷썰어 팬에 볶는다.

3 양념장은 모두 섞어서 준비한다.

4 팬에 낙지를 먼저 볶은 후 양념장을 넣어 익히고 미리 볶아 놓은 채소를 넣어 완성한다.

Cooking Tip

- 짠맛과 단맛은 0.5 : 1 이 맛있는 비율이다.
- 강상식품으로 알려진 낙지에 갖은 채소와 매운 양념장을 넣고 볶은 음식이다.

매운 해물볶음우동

오징어 육질의 단백질에는 황을 함유한 타우린(taurine)이라는 함황 아미노산이 많이 함유되어 있다. 타우린은 지질 및 콜레스테롤의 체내대사과정에 중요한 역할을 하는 성분으로 피로회복이나 스태미나 증강에 좋다고 하여 약품으로 사용하기도 한다. 타우린은 간기능의 개선과 해독기능, 뇌신경의 피를 맑게 하는 작용 등을 한다.

재료 및 분량

- 우동면 400g
- 오징어 2마리
- 새우 100g
- 홍합살 100g
- 소라살 2마리
- 양파 100g
- 청·홍 고추 각 1개

육수재료

- 닭뼈 200g
- 무 200g
- 대파 1뿌리
- 통마늘 3개
- 통후추 10알
- 고추기름 2큰술
- 물 6컵

양념장

- 고춧가루 2큰술
- 청양고춧가루 2큰술
- 간장 4큰술
- 설탕 1큰술
- 청주 1큰술
- 소금 ½큰술
- 다진 마늘 1큰술
- 다진 파 1큰술
- 녹말물 2큰술
- 고추기름 1큰술

만드는 법

1 오징어는 칼집을 넣어 자르고, 새우는 내장을 제거하고 머리를 떼어 준비하며 소라살은 편으로 썰고 홍합살은 물기를 빼 놓는다.

2 냄비에 물을 담고 육수재료를 끓인 후 면포에 깨끗하게 거른다.

3 끓는 물에 식용유를 2~3방울 떨어뜨려 우동면을 삶고 찬물에 헹군다.

4 양파는 채썰고, 청·홍고추는 어슷썬다.

5 팬에 고추기름을 두르고 다진 파, 마늘을 볶다가 채소-해물 순으로 볶은 후 육수를 붓고 양념장과 우동을 볶는다.

6 국물이 자작해지고 간이 배면 녹말물을 부어 졸인 후 접시에 담아 통깨를 뿌려 마무리한다.

 Cooking Tip

- 더 맵게 먹고 싶으면 모든 고춧가루를 청양으로 바꿔도 좋다.

꽈리고추멸치볶음

비타민 C가 풍부한 꽈리고추와 칼슘의 왕 멸치를 같이 볶아서 서로의 영양소를 보완해 주는 음식이다. 멸치는 양기가 부족한 사람에게 좋으며, 칼슘이 많아 뼈의 건강에 좋다.

재료 및 분량

• 멸치(중) 100g • 꽈리고추 200g • 소금 ½중큰술

양념장

• 물 3큰 • 간장 ⅓큰술 • 설탕 2⅓큰술 • 참기름 1큰술
• 청주 ½작은술 • 물엿 2큰술 • 다진 마늘 1작은술
• 후춧가루 • 식용유 1큰술

만드는 법

1 멸치는 잔 가루를 털어내고 기름을 두르지 않은 팬에 살짝 볶아준다.

2 꽈리고추는 꼭지를 떼어 깨끗이 씻은 후 물기를 빼놓는다.

3 팬에 식용유를 두르고 꽈리고추와 소금을 넣고 볶아 따로 빼둔다.

4 팬에 식용유를 두른 후 마늘을 넣고 볶다가 양념장을 부어 끓이고, 볶아 놓은 멸치와 꽈리고추를 넣고 청주와 후춧가루를 넣어 함께 볶는다.

5 참기름과 깨소금으로 마무리한다.

 Cooking Tip

• 멸치에는 100g당 오메가3 지방산이 1.4g 들어 있다. 오메가3 지방산은 DHA와 EPA, DPA를 총칭하는 불포화지방산으로 혈관이 막히는 것을 방지해 심장병과 동맥경화 등을 예방하며, 관절염이나 장염, 피부질환 치료에도 도움을 준다.

보리새우볶음

보리새우에는 아미노산과 베타인, 아르기닌 등의 단백질이 풍부하다. 혈중 콜레스테롤을 낮추는 타우린이 풍부하게 들어 있어 고혈압을 비롯한 각종 성인병 예방에 효과적이다. 새우에는 많은 칼슘이 들어 있고, 이러한 칼슘은 골다공증이나 골연화증을 예방해 준다.

재료 및 분량

· 보리새우 50g

양념장

· 간장 1½큰술 · 물 1½큰술 · 설탕 1¼큰술
· 물엿 ½큰술 · 참기름 ½작은술 · 깨소금 ½큰술

만드는 법

1 보리새우를 굵은 망에 넣고 쳐서 잡티를 제거한다.

2 양념장을 만든 후 끓으면 불을 끈다.

3 졸인 양념장에 새우를 넣고 볶다가 마지막에 깨소금과 참기름을 넣는다.

 Cooking Tip

· 마른 새우는 잡티를 골라내어 뜨겁게 달군 팬에 기름을 두르고 바삭하게 볶아 뜨거울 때 간장, 설탕으로 고루 버무린다.
· 가위로 뾰족한 수염과 발만 잘라내고 머리와 꼬리는 모두 그대로 둔다. 새우를 손질할 때 큰 새우가 아니라면 통째로 먹는 것이 좋다. 그래야 감칠맛이 더욱 나고 영양 손실도 적다.

말린 묵볶음

도토리는 떡갈나무, 갈참나무, 상수리나무의 열매이며, 예로부터 가뭄이나 흉작에 의해 먹을 것이 귀해졌을 때 쌀과 보리 등의 주식을 대체하거나 보조했던 대표적인 구황식품이다.

재료 및 분량

• 도토리묵 2모

부재료
• 양파 ½개
• 청고추 ½개
• 홍고추 ½개
• 식용유 1큰술

양념장
• 간장 1큰술
• 설탕 ½큰술
• 참기름 ½큰술
• 통깨 1작은술

만드는 법

1 도토리묵은 길이 6cm, 폭 1cm, 두께 0.7cm 정도로 썰어서 채반에 2~3일간 뒤집어가면서 말린다.

2 말린 도토리묵은 끓는 물에 넣어 말랑해지면 물에 헹구어 체에 받쳐 물기를 뺀다.

3 양파는 폭 1cm 정도로 채썰고, 청·홍고추는 채썬다.

4 양념장을 만든다.

5 팬을 달구어 식용유를 두르고 양파를 넣고 볶다가 삶은 도토리묵, 양념장과 청·홍고추를 넣고 볶는다.

 Cooking Tip

• 도토리묵은 건조기에 말려도 좋으나, 온도가 높고 시간이 길면 쉽게 깨지므로 주의해야 한다.

韓食美學

korean – style food

생채

참나물생채 · 도라지생채 · 인삼생채 · 더덕생채
유채생채 · 해물잣즙채 · 북어포도라지생채
명태껍질쌈 · 한국식 양장피 · 무말이강회

참나물생채

'진정한 나물'이라는 뜻의 참나물은 맛이 뛰어난 나물로 해산물과도 잘 어울린다.

재료 및 분량

• 참나물 120g
• 실고추

양념장

• 된장 ½큰술
• 고추장 1작은술
• 다진 파 1큰술
• 다진 마늘 1작은술
• 통깨 1작은
• 참기름 1큰술
• 식초 1큰술

만드는 법

1 참나물은 손질하여 깨끗이 씻어 길이 6cm 정도로 썬다.

2 양념장을 만든다.

3 참나물에 양념장을 넣고 살살 무친 다음 그릇에 담는다.

 Cooking Tip

• 참나물의 숨이 죽지 않도록 먹기 직전에 무쳐야 한다.
• 데쳐서 쌈장양념으로 무쳐서 이용해도 좋다.

도라지생채

손질한 생도라지에 설탕, 식초, 고춧가루 등을 넣어 맛을 낸 생채이다. 도라지는 봄, 가을에 뿌리를 채취하여 날것으로 먹거나 나물로 먹는데, 요리에 쓰이는 것은 초봄에 싹이 나올 때쯤의 것으로 뿌리를 이용한다.

재료 및 분량

• 도라지 200g

양념장
• 고춧가루 1큰술 • 고추장 1작은술 • 다진 마늘 1작은술
• 소금 1큰술 • 깨소금 1작은술 • 설탕 2작은술
• 다진 파 2작은술 • 식초 1큰술

만드는 법

1 도라지를 찢은 후 6cm 길이로 썰고, 소금을 넣어 바락바락 주무른다. 숨이 죽으면 10~15분 정도 찬물에 담가둔다.

2 도라지에 고춧가루 물을 들인다.

3 양념장을 만들어 물들인 도라지에 무쳐낸다.

4 설탕과 식초의 양을 조절해 넣어 새콤달콤한 맛이 나게 한다.

 Cooking Tip

• 도라지를 찬물에 담그는 이유는 쓴맛을 제거하기 위해서이다.

인삼생채

인삼은 각종 스트레스에 대한 방어작용, 항스트레스에 대한 임상적 효능이 규명되었으며 스트레스에 시달리는 현대인에게 권하고 싶은 식품이다. 혈액순환을 좋게 하고 빈혈을 예방하며, 혈압을 조절하고 갈증을 없애며, 심장쇠약, 당뇨병을 치료한다.

재료 및 분량

· 미삼 200g · 대추 5개 · 미나리 10줄기

양념장

· 꿀 2큰술 · 설탕 1큰술 · 식초 2큰술 · 레몬 ¼개
· 소금

만드는 법

1 미삼은 흙과 잔뿌리를 떼어내고 깨끗하게 씻는다.

2 미나리는 잎부분을 떼고 줄기만 4~5cm 길이로 잘라준다.

3 대추는 돌려깎아 채썬다.

4 미삼, 미나리, 대추를 섞어 양념장에 무쳐 완성한다.

 Cooking Tip

· 여름철에 입맛을 돋우기 위해 초고추장양념을 하면 좋다. 초고추장양념에는 미나리만 부재료로 사용한다.

더덕생채

더덕을 잘게 찢어 매콤하고 새콤하게 양념한 음식이다. 더덕은 거담, 기침, 해열, 기관지염이나 부스럼, 옴이 올랐을 때 특효가 있는 식품이다.

재료 및 분량

· 더덕 150g

양념장

· 고추장 1큰술 · 고춧가루 1작은술 · 설탕 ½큰술
· 물엿 1큰술 · 다진 파 2작은술 · 다진 마늘 1작은술
· 식초 1큰술 · 깨소금 1작은술

만드는 법

1 더덕은 통째로 방망이로 두들겨 심을 뺀 후 다시 잘근잘근 두들긴다.

2 보슬보슬하게 찢어 물기를 짠다.

3 더덕에 준비한 양념을 넣고 버무린다. 물엿은 윤기가 날 정도만 약간 넣는다.

 Cooking Tip

· 생채는 미리 무쳐 놓으면 물이 생겨 맛이 변하므로 먹기 직전에 무친다.

유채생채

유채생채는 유채꽃이 피기 전인 3~4월에 먹어야 씹을수록 달콤쌉싸름한 맛이 나며, 비타민 A가 풍부하다. 맛은 맵고, 성질은 따뜻하며, 독이 없다.

재료 및 분량

· 유채잎 150g · 실파 20g · 배 20g

양념장

· 멸치액젓 1큰술 · 고춧가루 1큰술 · 설탕 ½큰술
· 파 1작은술 · 마늘 ½작은술

만드는 법

1 유채는 흐르는 물에 깨끗이 씻어 적당한 크기로 준비한다.

2 실파는 3cm로 썰고, 배는 3×0.5cm로 썰어준다.

3 분량대로 양념장을 만든다.

4 양념장에 유채를 넣고 먹기 직전에 숨이 죽지 않도록 살살 버무려 낸다.

 Cooking Tip

· 너무 세게 버무리면 숨이 죽고 신선도가 떨어지므로, 간이 잘 배도록 손끝으로 살살 버무려준다.

해물잣즙채

각종 해물과 채소를 손질하여 겨자잣소스에 버무려 주안상이나 잔치상에 올리는 음식이다.

재료 및 분량

- 새우 5마리
- 갑오징어 100g
- 소라살 50g
- 패주 50g

향채 • 파 10g • 마늘 10g • 생강 5g

부재료

- 죽순 50g
- 오이 50g
- 당근 30g
- 배 50g
- 밤 2개
- 달걀 1개
- 식용유 ⅓큰술
- 잣 1작은술

겨자양념장

- 발효겨자 1½큰술
- 설탕 2큰술
- 식초 2큰술
- 물 1큰술
- 소금

만드는 법

1 새우는 씻어서 내장을 꼬치로 빼낸다. 갑오징어는 깨끗이 씻어 몸통 안쪽에 칼집을 넣고 길이 5cm, 폭 1.5cm 정도로 썬다.

2 소라살과 패주는 씻어서 소라살은 저며 썰고, 패주는 얇은 막을 벗기고 도톰하게 채썬다.

3 냄비에 향채를 넣고 끓으면 해산물을 넣어 데친 다음 건져서 물기를 뺀 뒤 새우는 머리, 꼬리, 껍질을 벗겨 반으로 저며썬다.

4 죽순은 빗살모양으로 썰어 끓는 물에 데치고, 오이와 당근은 골패모양으로 썬다.

5 배는 껍질을 벗겨 죽순과 같은 크기로 썰어 설탕물에 담가 놓고, 밤은 껍질을 벗겨 얇게 편으로 썬다.

6 달걀은 황백지단을 부쳐 골패모양으로 썰고, 잣은 고깔을 떼고 면포로 닦는다.

7 겨자즙을 만든다.

8 준비한 재료를 한데 섞고 겨자즙을 넣어 고루 무친 다음 그릇에 담고 잣을 고명으로 얹는다.

Cooking Tip

- 겨자는 중탕이나 따뜻한 곳에서 발효해야 쓴맛도 없고 겨자의 매운맛이 좋다.
- 겨자에 들어 있는 매운맛 성분은 대장염증을 개선시키며, 신진대사를 촉진한다고 힌다.
- 생죽순은 쌀뜨물에 30분 정도 삶은 후 식혀서 그대로 냉동보관하면 좋다.

북어포도라지생채

도라지는 콜레스테롤을 저하시키는 효능이 있어 혈관관계 질환에 좋다. 또한 혈당수치를 정상적으로 만드는 효능이 있어 당뇨병 환자에게 특효가 있으며, 피부를 진정시켜 주는 효과가 있어 여드름성 피부질환에 아주 좋다.

재료 및 분량

- 북어포(채) 50g
- 고추기름 1작은술
- 쪼갠 도라지 250g
- 양파 100g
- 미나리 50g

양념장

- 고추장 4큰술
- 고춧가루 2큰술
- 설탕 1큰술
- 3배 식초 1큰술
- 올리고당 1큰술
- 다진 마늘 2큰술
- 다진 파 2큰술
- 생강즙 1작은술
- 깨소금 1큰술
- 참기름 ½큰술

만드는 법

1 북어포는 고추기름을 넣고 색을 들인다.

2 양파는 굵게 채썰고, 도라지는 5~6cm 길이로 굵게 찢어 소금을 넣고 주물러 물에 헹궈 쓴맛을 뺀다.

3 미나리는 깨끗이 씻은 후 물기를 빼고 4cm 길이로 자른다.

4 볼에 양념장 재료를 모두 섞은 다음 도라지를 먼저 무치고 북어포와 양파를 넣어 무친 후 미나리와 깨소금, 참기름을 넣어 완성한다.

 Cooking Tip

- 북어포는 명태를 길이로 반을 갈라 펴서 얼렸다 녹였다 하며 한 달 정도 말린 것으로 노란색이 진할수록 좋다.

명태껍질쌈

꼬들꼬들하면서도 쫄깃한 생선껍질은 씹는 맛이 일품이다. 옛날부터 북어는 버릴 데가 없는 생선이라 하여 껍질로도 음식을 만들어 먹었다.

재료 및 분량

- 마른 명태껍질 200g
- 밤 4개
- 소금 ½작은술
- 참기름 1작은술
- 배 ¼개
- 설탕 1작은술
- 물 1컵
- 미나리 50g
- 대추 5알

양파소스
- 양파 200g
- 잣 50g
- 단단한 두부 60g
- 사과식초 2큰술
- 올리브유 4큰술
- 설탕 2½큰술
- 소금 1작은술

만드는 법

1 명태는 큰 것으로 골라 미지근한 물에 불린 다음 부드러워지면 칼로 비늘을 긁어낸 후 깨끗이 씻어 껍질을 벗겨 끓는 물에 살짝 데쳐 헹군다.

2 밤은 껍질을 벗긴 다음 굵게 채썰어 소금, 참기름으로 밑간을 한다.

3 배는 껍질을 벗긴 뒤 명태껍질을 폭으로 채썰어 설탕물에 담근다.

4 미나리는 연한 것으로 준비하여 잎을 떼어내고 4cm 길이로 썬다.

5 대추는 돌려깎아 굵게 채썬다.

6 명태껍질 안에 준비한 재료를 넣고 돌돌 말아 먹기 좋은 크기로 자른다.

7 양파는 채썰어 흐르는 물에 담가 매운맛을 뺀 후 소스 재료를 모두 넣고 곱게 간다.

8 명태껍질쌈과 소스를 함께 낸다.

 Cooking Tip

- 명태껍질은 충분히 불려야 비늘이 잘 긁어진다.
- 불린 명태껍질에 전분을 묻혀 찐 다음 채소를 넣고 돌돌 말아 먹이도 맛있다.

한국식 양장피

양장피는 원래 양분피(洋粉皮)라 하며, 양분(洋粉)은 서양가루, 즉 밀가루를 말한다고 한다. 피(皮)는 만두피 등에서 알 수 있듯이 껍질처럼 얇게 만든 것으로 밀가루 반죽을 얇게 만든 것이다. 그런데 밀가루는 점성이 적어 전분으로 양장피를 만든다.

재료 및 분량

- 양장피 3장 · 오이 ¼개
- 배 ¼개 · 맛살 1개
- 오징어 1마리 · 새우 10마리
- 샤부용 불고기 200g
- 달걀 2개

볶음용 채소
- 중국부추 50g · 홍고추 1개
- 양파 ½개 · 고추기름 1큰술

땅콩소스
- 땅콩 ½컵 · 마요네즈 ½컵
- 설탕 5큰술 · 식초 5큰술
- 겨자 5큰술 · 간장 2큰술
- 소금 1½큰술 · 배 ⅛개

간장소스
- 간장 2큰술 · 다진 마늘 2큰술
- 식초 5큰술 · 설탕 5큰술
- 굴소스 1½큰술 · 참기름 1큰술

만드는 법

1 양장피는 미지근한 물에 불린 후 부드러워지면 끓는 물에 데친 뒤 찬물에 헹구어 물기를 뺀다.

2 오이는 3~4cm 길이로 돌려깎기하여 채썰고, 배도 곱게 채썬다.

3 새우는 머리와 꼬리, 내장을 제거하고 데친 뒤 껍질을 벗겨 2등분 하고, 오징어는 껍질을 벗겨 칼집을 넣고 데친 후 1×3cm로 썰어 준비한다.

4 샤부용 불고기는 물에 간장, 정종, 생강즙, 후춧가루를 넣고 끓으면 불고기를 넣고 데친다.

5 달걀은 황백지단을 부치고 채썬다.

6 준비한 재료를 접시에 돌려 담고 양장피는 간장소스에 버무려 접시 가운데 놓는다.

7 볶음용 채소, 양파는 채썰고 홍고추는 씨를 제거한 후 채썬다. 부추는 4cm로 썰어 고추기름을 둘러 볶아준다.

8 돌려 담은 재료 위에 땅콩소스를 뿌려 낸다.

 Cooking Tip

- 한 끼 식사로도 손색이 없고 손님상에 올려도 근사한 일품요리이다.
- 초절이 무를 이용해서 만들기도 한다.
- 무에 비트, 치자 등으로 색을 들이기도 한다.

무말이강회

새콤달콤하게 절인 무절임에 여러 가지 채소를 섞어 말아 먹는 음식이다.

재료 및 분량

• 무 200g

부재료
• 빨강 파프리카 1개
• 주황 파프리카 1개
• 무순 20g
• 팽이버섯 50g

무초절임양념
• 식초 3큰술
• 설탕 2큰술
• 소금 ½큰술

만드는 법

1 무는 껍질을 벗기고 얇게 썰어 무초절임장에 30분 정도 담갔다가 건진다.

2 파프리카는 깨끗이 씻어 5cm 길이로 채썰고, 무순은 찬물에 담갔다가 건진다.

3 팽이버섯은 밑동을 제거하여 준비한다.

4 절인 무에 파프리카, 무순, 팽이버섯을 얹어 돌돌 말아 완성한다.

 Cooking Tip

• 무가 두꺼우면 절이는 시간이 더 필요하고, 얇을수록 말이로 사용하기가 좋다.
• 담백한 닭고기나 오리고기를 곁들여도 좋다.
• 무에 비트, 치자 등으로 물을 들이기도 한다.
• 초절이 무를 이용해서 만들기도 한다.

韓食美學

korean – style food

숙채

• 탕평채 • 잡채 • 구절판 • 삼색 밀쌈 • 원산잡채 • 오이뱃두리 • 참나물 • 죽순채나물
• 생취나물 • 머윗대들깨즙나물 • 애호박눈썹나물 • 석이버섯나물 • 삼색 나물(무, 포항초, 고사리)
• 도라지나물 • 고비나물 • 시래기나물 • 시금치나물 • 냉이나물 • 원추리나물 • 월과채
• 홍시죽순채 • 가죽나물 • 참나물생채 • 고춧잎나물 • 고사리나물 • 콩나물무침 • 방풍나물
• 비름나물 • 민들레나물 • 얼갈이무침 • 가지나물 • 모둠버섯나물 • 고구마순나물
• 머위잎나물 • 부지갱이나물 • 땅두릅나물 • 함초두부무침 • 나문재나물

탕평채

얇게 채썬 녹두묵에 볶은 쇠고기, 숙주, 미나리 등을 넣고 초간장으로 무친 음식으로 음식명은 조선왕조 중엽에 탕평책의 경륜을 펴는 자리에서 청포에 채소를 섞어 무친 음식이 처음으로 등장하였다는 데서 유래됐다.

재료 및 분량

- 청포묵 1모(300g)

부재료

- 쇠고기(우둔) 30g
- 숙주 30g
- 미나리 20g
- 김 ½장
- 달걀 1개
- 실고추 1줄
- 식용유 1작은술

묵양념

- 소금 ½작은술
- 참기름 ½작은술

쇠고기양념장

- 간장 1작은술
- 설탕 ¼작은술
- 다진 파 ¼작은술
- 다진 마늘 ⅛작은술
- 깨소금 · 후춧가루
- 참기름

만드는 법

1 청포묵은 길이 7cm, 폭·두께 0.5cm 정도로 채썰어 끓는 물에 데쳐 찬물에 재빨리 씻어낸 후 묵양념을 한다.

2 쇠고기는 길이 5cm로 채썰어 고기양념장을 넣고 양념하여 볶는다.

3 숙주는 거두절미한 뒤 끓는 물에 데치고, 미나리는 잎을 뗀 뒤 데쳐서 물에 헹구어 4cm 길이로 자른다.

4 달걀은 황백지단으로 부쳐 4cm 길이로 채썬다.

5 김은 앞뒤로 뒤집어가며 약불에 구워 부순다.

6 청포묵과 쇠고기, 숙주, 미나리에 소금, 참기름을 넣고 고루 버무린 후 김, 황백지단을 넣고 섞는다.

7 실고추는 고명으로 올린다.

 Cooking Tip

- 청포묵은 냉장고에 굳혔다가 꺼내 썰면 단단해져서 썰기 좋다.
- 간장, 설탕, 식초를 이용해 만든 초간장으로 무쳐도 별미이다.

잡채

잡채는 여러 가지 식품의 조합이라고 할 수 있다. '모으다', '많다'의 뜻으로, 여러 가지 채소를 섞은 음식이다. 원래는 당면이 들어가지 않는 것이 궁중음식이다.

재료 및 분량

- 당면 200g
- 새송이버섯 100g
- 오이 50g
- 당근 50g
- 양파 200g
- 홍고추 ¼개
- 쇠고기(우둔) 50g
- 달걀 2개
- 표고버섯 3장
- 참기름 1큰술
- 다진 마늘 1큰술
- 통깨 1큰술

양념장
잡채물

- 간장 1½컵
- 물 15컵
- 설탕 ¾컵
- 마늘 2큰술
- 식용유 1큰술
- 후춧가루

만드는 법

1 새송이는 길이로 얇게 채썰고, 양파와 당근도 채썬다.

2 오이는 5cm 길이로 잘라 돌려깎기하여 채썬다.

3 고기와 표고버섯은 채썰어 간장, 설탕, 마늘을 약간 넣고 밑간을 한다.

4 홍고추는 씨를 발라내고 가늘게 채썬다.

5 달걀은 황백지단으로 부친다.

6 준비한 재료들을 각기 따로따로 볶아서 준비한다.

7 잡채물을 모두 섞어 끓어오르면 당면을 넣고 12분간 삶는다.

8 당면이 익으면 체에 밭쳐 국물을 따라내고 참기름, 마늘, 통깨를 넣어 버무린다.

8 접시에 당면과 준비한 채소를 보기 좋게 섞어 담고 홍고추채와 지단으로 모양을 낸다.

 Cooking Tip

- 당면은 고구마전분을 호화시켜 국수틀에 내려 냉동 건조시킨 것으로 쉽게 호화된다.
- 쇠고기의 육회, 고깃국 등은 결 반대방향으로, 채썰 때는 결 방향으로 썰어야 고기가 부서지지 않는다.
- 채소는 센 불에서 단시간 볶는다.
- 당면을 무칠 때는 흑설탕(향이 진하고 윤기가 있다)과 백설탕을 섞어서 사용한다.

구절판

맑게 비칠 정도로 얇고 하늘하늘하면서도 담백한 밀전병과 8가지 음식이 한데 어우러져 내는 맛이 일품이다. 밀쌈은 재료를 밀전병에 싸서 만드는 것이다.

재료 및 분량

- 밀가루 1C • 물 ½C • 소금 ¼작은술
- 오이 1개 • 당근 1개 • 애호박 1개
- 표고버섯 3장 • 숙주 50g
- 쇠고기(우둔) 150g • 달걀 2개

밀전병
- 밀가루 1C • 물 1¼C • 소금 ¼작은술
- 치자 2개 • 방풍잎즙 1큰술
- 석이버섯가루 1큰술

고기양념
- 간장 1큰술 • 설탕 ½큰술
- 다진 마늘 ½큰술 • 다진 파 1큰술
- 깨소금 ¼작은술 • 참기름 ¼작은술
- 후춧가루 약간

겨자장 소스
- 겨자 1½큰술 • 식초 1작은술
- 설탕 ¼큰술 • 다진 마늘 ¼큰술
- 다진 파 ½큰술
- 깨소금 • 참기름 • 후춧가루

만드는 법

1 달걀은 황백지단을 따로 부쳐 가늘게 채썬다.

2 밀전병은 밀가루, 소금, 물을 섞어 거품기로 오래 치댄 후 체에 한 번 내려서 각각의 색을 낸다.

3 팬을 약하게 달군 후 전병반죽을 수저로 한 번씩 떠서 얇게 밀전병을 부친다.

4 오이, 당근, 애호박은 돌려깎기한 후 채썰어 소금에 살짝 절여 물기를 짜고 센 불에서 볶는다.

5 숙주는 거두절미하여 데쳐서 소금, 참기름으로 양념한다.

6 표고버섯은 불린 후 쇠고기와 함께 곱게 채썰어 고기양념장으로 버무린 다음 볶는다.

7 구절판에 여덟 가지 재료를 같은 색끼리 마주보도록 담고 겨자장을 곁들인다. 밀쌈을 곁들여 내도 좋다.

 Cooking Tip

- 황백지단은 미리 부쳐 냉동실에 넣어두고 필요할 때마다 꺼내 쓰면 편리하다.
- 새우, 해삼, 전복, 우엉, 죽순 등을 사용해도 좋다.
- 밀전병을 얇게 부쳐야 잘 말아진다.

삼색 밀쌈

구절판과 비슷한데, 구절판은 밀전병과 여러 재료를 그릇에 각각 담았다가 먹을 때 싸서 먹는 데 반하여 밀쌈은 미리 재료를 전병(煎餅)에 싸서 만드는 것이다. 밀쌈은 구절판보다 간편하며, 유두절식뿐 아니라 여름철의 시식으로도 많이 먹었다.

재료 및 분량

- 밀가루 1컵
- 물 1½컵
- 소금 ¼작은술
- 당근즙 3큰술
- 시금치즙 3큰술

부재료

- 오이 1개
- 당근 1개
- 표고버섯 3장
- 쇠고기(우둔) 200g
- 달걀 2개

쇠고기양념

- 간장 1큰술
- 설탕 ½큰술
- 다진 파 1큰술
- 다진 마늘 ½큰술
- 참기름 ½큰술
- 깨소금 · 후춧가루

겨자소스

- 연겨자 1큰술
- 간장 ½큰술
- 설탕 ½큰술
- 식초 1작은술

만드는 법

1 밀전병 반죽은 밀가루와 소금물을 섞어 거품기로 오래 치댄 후 체에 한 번 내려 3색(흰색, 당근즙, 시금치즙)으로 색을 낸 뒤, 팬에 반죽을 수저로 한 번씩 떠서 얇게 부친다.

2 오이는 돌려깎기한 후 채썰어 소금에 살짝 절여 물기를 짜고 센불에서 볶는다.

3 당근은 얇게 채썰어 소금을 넣고 센 불에서 볶는다.

4 표고버섯은 물에 불려 얇게 채썬 뒤 고기양념의 ⅓분량을 넣고 양념한 후 버무린다.

5 쇠고기는 얇게 채썰어 고기양념 ½분량을 넣고 버무린 후 볶는다.

6 달걀은 황백지단을 따로 부쳐 가늘게 채썬다.

7 밀전병에 오이, 당근, 표고버섯, 쇠고기, 황백지단을 넣고 돌돌 말아낸다.

8 겨자소스를 곁들인다.

Cooking Tip

- 밀전병은 미리 반죽해 놓으면 글루텐이 형성되어 잘 부쳐진다.
- 쇠고기 대신 해산물을 이용해도 좋으며 맛은 담백하다.

원산잡채

원산잡채는 해물잡채로 함경남도 원산 지역이 유명하였기에 이름이 붙여졌으며, 다양한 해물을 충분히 넣은 해물잡채이다.

재료 및 분량

- 오징어 ½마리
- 패주 2개
- 새우(중) 4마리
- 문어 50g
- 불린 해삼 ½마리

부재료
- 죽순 ⅛개
- 양파 ⅓개
- 청피망 50g
- 홍피망 30g
- 당면 60g
- 달걀 1개
- 식용유 1큰술
- 통깨 ½큰술

당면양념장
- 간장 1큰술
- 설탕 1큰술
- 참기름 ½큰술

만드는 법

1 오징어는 먹물이 터지지 않게 배를 갈라 내장을 떼어낸 뒤 몸통과 다리의 껍질을 벗겨 깨끗이 씻는다. 몸통 안쪽에 칼집을 넣어 7cm 길이로 채썰어 살짝 데친다.

2 문어는 부드럽게 삶아 얇게 저며썬다.

3 패주는 씻어서 얇은 막을 벗기고 두께 0.5cm 정도로 저며 채썬 뒤 데친다. 새우는 씻어서 머리를 떼고 내장을 꼬치로 빼내어 데친 다음 껍질을 벗기고 길이로 반을 저며썬다.

4 불린 해삼은 길이로 반을 잘라 내장을 떼어내고 씻은 후 6cm 정도 길이로 채썰어 살짝 데친다.

5 양파는 다듬어 길이로 채썰고, 죽순은 빗살무늬를 살려 길이로 채썰고, 청·홍피망은 5cm 길이로 채썬다.

6 달걀은 황백지단을 부쳐 4cm 정도 길이로 채썬다.

7 팬에 식용유를 두르고 양파를 넣어 볶다가 청·홍피망, 죽순, 해물을 각각 볶은 뒤 마지막에 소금과 후춧가루로 간을 한다.

8 끓는 물에 당면을 넣고 삶은 뒤 물에 헹구어 물기를 뺀 다음 팬에 양념장과 당면을 넣고 중불에 볶아서 식힌다.

9 당면에 볶아놓은 통깨를 넣어 섞은 뒤 고루 버무려, 황백지단을 얹는다.

 Cooking Tip

- 당면을 볶을 때 양념장을 넣고 먼저 밑간을 해야 색과 맛이 좋아진다.
- 문어는 너무 오래 찌면 질겨질 수 있다.

오이뱃두리

오이뱃두리의 뱃두리는 비틀어 짠다는 뜻으로 오이를 새파랗게 볶아 아작아작하게 먹는 여름철 별미이다.

재료 및 분량

- 오이 1개(100g)
- 소금 1큰술

부재료
- 식용유 ½작은술
- 참기름 1작은술

만드는 법

1 오이는 소금으로 비벼 깨끗이 씻은 후 동글동글하게 0.2cm 두께로 썰어 소금을 넣고 절여둔다.

2 절여둔 오이는 물기를 꼭 짜서 준비한다.

3 팬에 기름을 두르고 오이를 넣어 단시간에 볶아 색을 살려 담아낸다.

 Cooking Tip

- 오이는 볶은 후 빠르게 식혀야 색이 변하지 않는다.
- 너무 오래 볶으면 아삭한 질감이 떨어지므로 주의해서 볶는다.

참나물

베타카로틴이 풍부한 참나물은 대표적인 알칼리성 식품으로 육류요리와도 궁합이 잘 맞으며 다이어트에도 좋다.

재료 및 분량

• 참나물 300g

간장양념장

• 간장 1큰술 • 소금 • 설탕 1작은술 • 깨소금 1큰술
• 다진 파 2작은 • 다진 마늘 2작은술 • 참기름 1큰술

만드는 법

1 참나물의 질긴 줄기부분을 잘라내고 손질한 후 소금물에 데쳐 5cm 길이로 썬다.

2 준비된 재료에 간장양념장을 넣어 무친다.

 Cooking Tip

• 고추장양념장으로도 무쳐 색다른 맛을 낼 수 있다.
• 참나물은 손질할 때 줄기 밑부분을 ⅓ 정도 떼어내야 연하고 맛있다.

죽순채나물

죽순을 데친 후 쇠고기, 표고버섯을 볶아 숙주와 홍고추, 미나리와 함께 버무린 음식이다.
생죽순을 사용할 경우 4~5월경에 나는 죽순을 사용하는 것이 가장 좋다.

재료 및 분량

- 죽순(통조림) 300g • 쇠고기 100g
- 표고버섯 1장 • 미나리 50g

고기양념장
- 간장 1큰술 • 설탕 ½큰술 • 다진 마늘 1작은술
- 다진 파 2작은술 • 소금 1작은술 • 참기름 1작은술
- 후춧가루

만드는 법

1 죽순은 4cm 길이로 납작썰어 속에 있는
  석회질을 깨끗이 씻어낸 후 살짝 데쳐서
  볶는다.

2 쇠고기와 표고는 채썰어 고기양념으로 무쳐
  서 팬에 볶아 식힌다.

3 미나리는 살짝 데친 후 찬물에 헹구어 4cm
  길이로 자른다.

4 볶은 재료를 한데 섞어 소금으로 간하고 참
  기름으로 무친다.

 Cooking Tip

- 죽순은 소갈증을 다스리고 이뇨작용을 돕는다.
- 죽순의 키가 40~50cm 정도로 자란 초봄이 가장 맛있다.
- 죽순을 살짝 데쳐 초고추장에 찍어 먹는 죽순회도 맛있다.

생취나물

취는 따뜻한 성질이 있어 혈액순환을 촉진시키고 각종 무기질이 풍부해 근육이나 관절이 아플 때나 요통, 두통 등에 효과가 있다.

재료 및 분량

• 생취 100g • 소금 ⅛작은술 • 실고추

양념

• 국간장 2작은술 • 소금 ¼작은술 • 깨소금 ¼작은술
• 들기름 ½큰술

만드는 법

1 생취는 다듬어 적당한 크기로 잘라서 씻는다.

2 끓는 물에 소금을 넣고 데친다.

3 손톱으로 눌렀을 때 살짝 들어갈 정도로 익혀 찬물에 담근 후 물기를 짠다.

4 조물조물 양념한다.

 Cooking Tip

• 취는 쓴맛이 있기 때문에 설탕을 약간 첨가하면 맛이 좋아진다.
• 곰취, 미역취, 단풍취, 수리취, 참취 등을 통틀어 이르는 말
• 향이 강해 쌈으로도 많이 즐긴다.
• 데친 취가 억셀 경우 양념하여 볶아 먹는다.

머윗대들깨즙나물

지방에 따라 머우 또는 머구라고 한다. 잎은 데쳐서 쌈을 싸 먹거나 나물로 무쳐 먹는다.

재료 및 분량

· 삶은 머윗대 300g · 들기름 2큰술 · 들깻가루 2큰술
· 물 또는 육수 50CC · 마른 새우 5g

양념장
· 다진 파 1큰술 · 다진 마늘 1작은술 · 소금 1큰술
· 간장

만드는 법

1 머윗대는 껍질을 벗기고 푹 삶아 4~5cm
길이로 자른다.

2 마른 새우는 프라이팬에 기름 두르지 않고
바삭하게 볶아낸다.

3 팬에 들기름을 두르고 머윗대를 볶다가 들깻
가루, 소금, 물을 넣어 촉촉하게 볶아낸다.

4 완성된 머윗대들깨즙나물에 마른 새우를
고명으로 올린다.

 Cooking Tip

· 머윗대를 무르게 푹 삶아야 간이 잘 스며든다.
· 들깨와 불린 멥쌀을 같이 믹서기에 갈아 체에 밭쳐 사용해도 좋다.

애호박눈썹나물

애호박에 풍부한 비타민 A는 위점막을 보호해 주고 염증을 막아주며, 체내에 쌓인 나트륨을 배출하는 효능을 가지고 있다. 또한 당분이 많이 함유되어 있어 소화흡수에 도움을 준다.

재료 및 분량

• 애호박(새우젓 ½큰술) 1개 • 소고기 50g(우둔)
• 소금 1작은술 • 홍고추 ¼개 • 실파 1줄기
• 식용유 ½큰술

소고기양념장

• 간장 1작은술 • 다진 마늘 1작은술 • 참기름 1작은술
• 설탕 ½작은술 • 다진 파 ½작은술
• 후춧가루 • 깨소금

만드는 법

1 호박은 2등분하여 씨를 빼고 눈썹모양으로 썰어 소금을 뿌려 절여둔다.

2 소고기는 곱게 다져 소고기양념으로 밑간 하여 볶아낸다.

3 홍고추는 다이스 썰기한다. 실파는 송송 썬다.

4 프라이팬에 식용유를 두르고 호박을 볶는다. 빨리 익도록 따뜻한 물을 넣어준다.

5 호박이 익으면 새우젓으로 간하고 홍고추, 볶은 소고기, 실파, 깨소금을 넣어 완성한다.

 Cooking Tip

• 호박은 다른 채소보다 잘 익지 않으므로 제대로 익을 수 있도록 한다.
• 새우젓 대신, 쇠고기나 보리새우를 넣어 볶아도 맛이 좋다.
• 애호박을 2등분하여 속을 파낸 후 눈썹모양으로 썬 뒤 소금에 절여 한여름에 만들어 먹는 나물이다.

석이버섯나물

석이는 단백질을 구성하는 아미노산인 알라닌, 페닐알리닌, 로이신, 글루타민산 등이 많고 특수성분으로는 레시틴이 많다. 석이버섯에 들어 있는 당질에는 트레할로오스, 만니톨(mannitol) 등이 함유돼 있어서 버섯 특유의 맛을 내게 하는데, 그 향기와 맛이 뛰어나 예로부터 고급 요리의 재료로 쓰였다. 석이는 오래 먹으면 기력이 좋아지고 시력을 도우며 얼굴도 예뻐진다고 한다.

재료 및 분량

• 석이버섯(마른 것) 10g • 피망 20g

양념장
• 소금 1작은술 • 참기름 1작은술 • 다진 마늘 1큰술
• 깨소금 1작은술

만드는 법

1 석이버섯은 물에 불려 숟가락으로 살살 긁어가며 이끼를 제거한다.

2 버섯을 굵직하게 손으로 찢은 후 참기름, 소금으로 간한 후 볶아낸다.

3 피망은 씨를 빼고 길이로 채썰어 볶아낸다.

4 볶아 놓은 석이버섯, 피망을 섞어 접시에 담아낸다.

 Cooking Tip

• 팽이버섯을 함께 섞어도 예쁘다.
• 오래 볶으면 질겨지므로 주의한다.

삼색 나물(무, 포항초, 고사리)

시금치에는 엽산이 많이 들어 있어 임산부나 발육기의 어린이에게 좋은 식품이며, 무는 예로 부터 많이 먹으면 속병이 없다는 말이 있는데 무에 풍부한 디아스타아제(Diastase)라는 효소가 소화를 도와주기 때문이다.

무나물

재료 및 분량

• 무 400g • 실고추

양념
• 소금 1작은술 • 다진 파 ½큰술
• 다진 마늘 ¼큰술 • 국간장 ½작은술
• 통깨 ½작은술 • 참기름 ½큰술

만드는 법

1 무는 손질하여 6cm 정도 길이로 채썰어 양념을 넣고 고루 무쳐 둔다.

2 팬을 달구어 무를 넣고 중불에 볶다가 약불로 더 볶는다.

3 마지막에 통깨와 참기름을 넣고 더 볶은 후 실고추를 2cm 길이로 잘라 넣고 섞는다.

포항초나물

재료 및 분량

• 포항초 400g • 소금 • 실고추

양념장
• 국간장 ½작은술 • 소금 ½작은술
• 다진 파 1작은술 • 다진 마늘 ½작은술
• 통깨 ½큰술 • 참기름 2작은술

만드는 법

1 포항초는 다듬어 뿌리를 자르고, 뿌리 쪽에 열십자로 칼집을 넣어 깨끗이 씻은 뒤 끓는 물에 소금을 넣고 데친 후 물에 헹구어 물기를 짜서 길이로 자른다.

2 양념장을 만들고 실고추는 2cm 길이로 자른다.

3 시금치에 양념장을 넣고, 간이 고루 배게 무쳐 그릇에 담은 뒤 실고추를 올린다.

고사리나물

재료 및 분량

• 불린 고사리 200g • 식용유 1큰술
• 실고추

양념장
• 국간장 1큰술 • 다진 파 ½큰술
• 다진 마늘 1작은술 • 참기름 ½큰술
• 깨소금 1작은술

만드는 법

1 고사리는 억센 줄기를 다듬어 7cm 길이로 자른 뒤 양념장으로 양념하여 팬에 식용유를 두르고 중불에서 볶다가 물을 붓고 부드럽게 볶아낸다.

2 실고추는 2cm 정도 길이로 자른다.

3 부드러워진 고사리에 참기름과 깨소금, 실고추를 넣고 버무린다.

 Cooking Tip

• 무나물은 낮은 온도에서 오래 볶아 은근히 익혀야 간이 잘 배고 부드럽다.
• 고사리를 볶을 때는 물을 첨가하면서 천천히 볶아야 질겨지지 않는다.
• 고사리를 볶을 때 물 대신 육수를 부어 볶기도 한다.

도라지나물

도라지의 쓴맛을 내는 성분인 사포닌은 가래를 삭히는 효과가 있고, 해열, 항염작용도 한다. 우리나라에서는 명절이나 제사 때 나물로 꼭 이용되고, 정과, 생채, 장아찌 등에 다양하게 쓰인다.

재료 및 분량

· 도라지 100g · 식용유 ¼작은술

양념

· 들기름 1큰술 · 소금 ½작은술
· 다진 파 ½작은술 · 깨소금 ½작은술

만드는 법

1 껍질 벗긴 도라지는 채썰어 소금에 바락바락 손질한 다음 재빨리 찬물에 헹군다.

2 볼에 도라지, 소금, 들기름을 넣고 양념이 고루 스며들도록 무친다.

3 팬에서 촉촉하게 볶은 후 다진 파, 깨소금을 넣고 마무리한다.

 Cooking Tip

· 도라지를 구입할 때에는 속살이 윤기가 나고 촉촉한 노란빛을 띠며, 특유의 강한 향이 나고 뿌리가 희고 통통한 것이 좋다.
· 데치지 않고 팬에서 아작아작하게 볶는 것이 좋다.

고비나물

고비는 단백질과 비타민 등이 풍부하여 해열과 지혈에 효과가 있으며, 고사리와 채취시기가 비슷한데 4~5월 사이에 어린 순의 연한 부분과 잎을 채취하여 식용한다.

재료 및 분량

• 고비 150g • 식용유 ½큰술

고비양념장
• 국간장 1큰술 • 다진 대파 1큰술 • 다진 마늘 1작은술
• 들기름 2큰술 • 소금 약간 • 물 2큰술
• 들깻가루 1큰술

만드는 법

1 고비나물은 먹기 좋은 크기로 잘라준다.

2 국간장, 다진 대파, 다진 마늘, 들기름을 고비에 넣어 밑간이 들도록 조물조물 양념한다.

3 달궈진 프라이팬에 식용유를 두르고 양념한 고비를 볶아주면서 물, 들깻가루를 넣고 촉촉하게 볶아서 완성한다.

Cooking Tip

• 고사리보다 더 맛이 좋고 비싼 고비나물을 볶을 때 제일 중요한 것은 불리고 삶는 법이다. 덜 불리고 덜 삶으면 질겨져 먹을 수 없게 되니 시간을 두고 충분히 불려야 한다.
• 말린 고사리, 말린 고비 삶는 법에서 제일 중요한 것은 삶은 물에서 2차 불리기이다. 삶은 나물을 건져서 찬물에 헹구거나 하지 않고 삶은 물에 담긴 채로 뚜껑을 덮고 30분가량 그대로 둔다.

시래기나물

시래기는 무청을 말려 겨울철 찬으로 이용하는 저장식품이며, 말린 시래기를 부드럽게 삶은 후 양념하여 볶은 나물로 정월 대보름에 즐겨 먹는다.

재료 및 분량

• 시래기 삶은 것 100g • 식용유 ½큰술

양념
• 국간장 ½작은술 • 소금 1작은술 • 들기름 1½큰술
• 다진 파 1작은술, 다진 마늘 ¼작은술
• 깨소금 ¼작은술

만드는 법

1 삶은 시래기는 물에 담가 씁쓸한 맛을 우려 낸다.

2 시래기의 물기를 짜서 5~6cm 길이로 썬 다음 양념장을 넣어 양념한다.

3 냄비를 달군 후 식용유를 두르고 양념한 시 래기를 넣어 볶다가 물을 넣고 중간불에서 양념국물이 스며들도록 은근하게 뜸 들이 듯이 볶는다.

4 시래기가 부드러워지면 깨소금을 넣어 완성 한다.

 Cooking Tip

• 시래기나물을 볶을 때 은근한 불에 충분히 뜸을 들여주어야 나물이 질겨지지 않고 부드러우며 간이 배어든다.
• 푹 삶은 시래기는 물에 담가 쓴맛을 우려낸 뒤에 사용한다.

시금치나물

시금치는 체내에서 비타민 A로 변화되는 베타카로틴이 가장 풍부한 채소에 속하며, 비타민 C와 비타민 K 등의 비타민류와 무기질 성분인 칼슘과 철분이 풍부하고, 엽산이 들어 있다.

재료 및 분량

- 시금치 300g

양념장
- 들깻가루 1큰술 • 소금 ½작은술 • 다진 파 1작은술
- 다진 마늘 ½작은술 • 들기름 1큰술
- 멸치액젓 ½작은술

만드는 법

1 냄비에 물을 넉넉히 올리고, 끓으면 소금을 넣고 시금치를 데쳐 찬물에 헹구어 물기를 꼭 짠다.

2 볼에 양념과 데친 시금치를 넣고 고루 버무린다.

 Cooking Tip

- 시금치를 데칠 때는 뚜껑을 열고 너무 오래 데치지 않는다. 색이 변할 수 있기 때문이다.

냉이나물

냉이나물은 냉이를 끓는 물에 살짝 데쳐서 초고추장양념에 무쳐 먹는 숙채로서, 각종 비타민과 무기질을 많이 함유하고 있어 춘곤증을 없애주고 입맛을 돋우어주는 알칼리성 식품이다.

재료 및 분량

· 냉이 300g

양념장

· 된장 1큰술 · 고추장 1큰술 · 다진 파 1큰술
· 다진 마늘 ½작은술 · 깨소금 · 참기름

만드는 법

1 냉이는 깨끗이 다듬어 씻는다.

2 끓는 물에 소금을 넣고 데친 뒤 물에 헹구어 물기를 짠다.

3 양념장을 넣고 간이 배도록 무친다.

 Cooking Tip

· 푸른 나물은 끓는 물에 소금을 넣고 데친 뒤 찬물에 빨리 헹궈야 색이 좋다.

원추리나물

원추리나물을 먹으면 의식이 몽롱해져 근심을 잊는다 해서 원추리꽃을 망우초라 부르기도 하였다.

재료 및 분량

- 원추리 200g

부재료

- 소금 1작은술 • 다진 파 ½작은술
- 다진 마늘 ¼작은술 • 깨소금 1작은술
- 들기름 1큰술

만드는 법

1 원추리는 하나하나 잎을 떼어 씻은 후 끓는 물에 색이 변하지 않도록 데친다.

2 데친 원추리는 물기를 꼭 짠 후 양념장에 묻혀 낸다.

 Cooking Tip

- 나물양념에 들어가는 파로 인해 나물의 맛이 변할 수 있음에 주의한다.

월과채

한국의 궁중음식 중 하나로 찹쌀부꾸미와 호박을 잡채처럼 만들어 먹는 음식이다. '월과'는 호박의 다른 이름이다.

재료 및 분량

- 애호박 1개
- 쇠고기(우둔) 100g
- 건표고버섯 3장
- 느타리버섯 50g
- 찹쌀가루 1C
- 홍고추 ¼개
- 식용유 1큰술

고기·표고양념

- 간장 1큰술
- 설탕 ½큰술
- 다진 파 1큰술
- 다진 마늘 ½큰술
- 깨소금
- 후춧가루
- 참기름

양념장

- 소금 1작은술
- 참기름 1작은술
- 깨소금 1작은술

만드는 법

1 찹쌀가루는 익반죽하여 식용유를 두르고 지름 4cm 정도로 얇고 노릇하게 지진 다음 먹기 좋게 썰어준다.

2 애호박은 눈썹모양으로 썰어 소금에 절인 뒤 물기를 짠 다음 팬에 파랗게 볶아 그릇에 펼쳐 식힌다. 홍고추도 채썬 뒤 볶는다.

3 쇠고기, 표고버섯은 가늘게 채썰어 양념한 뒤 보슬보슬하게 볶아 식힌다.

4 느타리버섯은 잘게 찢어 끓는 물에 데친 후 물기를 꼭 짜서 소금과 참기름으로 볶는다.

5 양념장을 준비한다.

6 모든 재료를 섞어 양념장을 넣고 버무린다.

 Cooking Tip

- 찹쌀전병에 호박, 버섯, 쇠고기를 싸서 먹어도 좋은 일품요리이다.

홍시죽순채

홍시는 심폐를 부드럽게 하고 갈증을 없애주며 폐 · 위와 심열을 낮게 하고 열독과 주독을 풀어주며 토혈을 그치게 한다. 죽순은 봄에 돋아나는 대나무의 순으로 단백질과 섬유질이 풍부하다.

재료 및 분량

- 죽순(통조림) 150g(1개)
- 쇠고기(우둔) 50g
- 표고버섯 2장

부재료
- 숙주 70g
- 미나리 20g
- 홍고추 ½개
- 곶감 1개
- 잣가루 2작은술
- 달걀 1개
- 식용유 2큰술

쇠고기 · 표고양념
- 간장 1작은술
- 설탕 ½작은술
- 다진 파 1작은술
- 다진 마늘 ½작은술
- 깨소금 1작은술
- 후춧가루 ⅛작은술
- 참기름 1작은술

홍시소스
- 홍시 1개
- 설탕 2작은술
- 식초 2작은술
- 간장

만드는 법

1 죽순은 빗살모양을 살려 가로 0.3cm 정도로 썰어 끓는 물에 데친 후, 소금, 흰 후춧가루를 넣고 중불에서 볶는다.

2 숙주는 머리와 꼬리를 떼고 씻은 뒤 데친다. 미나리는 줄기만 살짝 데친 후 찬물에 헹궈서 3cm로 썬다.

3 홍고추는 채썰어 살짝 볶는다. 곶감은 씨를 제거한 뒤 채썬다.

4 쇠고기는 채썰어 양념장 분량의 ⅓만 넣고 양념한 후 볶는다.

5 표고버섯은 물에 불려 기둥을 떼고 물기를 닦은 후, 채썰어 나머지 양념의 ½을 넣고 양념하여 볶는다.

6 달걀은 황백지단을 부쳐 4cm 길이로 채썬다.

7 홍시는 체에 내린 후 양념한다.

8 준비한 재료를 함께 넣고 홍시소스를 넣어 섞은 후 그릇에 담은 뒤 곶감, 황백지단, 잣가루를 얹는다.

Cooking Tip

- 죽순 통조림을 사용할 경우 석회부분을 깨끗이 씻어낸다.

가죽나물

참죽나무의 새순을 '가죽'이라고 하며 이른 봄에 따서 데쳐 말려 니물로 이용한다. 산중 스님들이 즐겨 먹기 시작한 참죽은 붉은빛이 돌면 맛이 좋은 것으로 스님들이 드시는 진짜 나물이라는 뜻에서 '참죽'이라 불렀다고 한다. 가죽나물은 무쳐서 바로 먹기도 하지만 부각이나 장아찌로 만들면 1년 내내 두고 먹을 수 있는 산채이다.

재료 및 분량

- 가죽나물 100g
- 소금 ½큰술

양념
- 고추장 1½큰술
- 고춧가루 2작은술
- 액젓 ½작은술
- 매실청 2큰술

만드는 법

1 가죽나물은 뿌리부분과 겉잎부분을 다듬은 후 흐르는 물에 깨끗이 씻어 건져둔다.

2 물기가 있는 상태에서 굵은소금으로 15~20분 정도 위아래를 뒤집어가며 절여준다.

3 소금에 절인 가죽은 물기를 살짝 짜서 양념장을 넣고 간이 고루 배게 조물조물한다.

4 하루 정도 실온에서 숙성시킨 후 냉장고에 넣어 숙성시켜 준다.

 Cooking Tip

- 잎이 부드럽고 연한 것을 고르고 전체적으로 보랏빛이 감도는 것을 구입하는 것이 좋다.
- 바로 먹어도 맛있지만 숙성시켜 먹으면 향긋한 가죽의 향을 느낄 수 있다.

참나물생채

어린이와 여성의 건강, 미용채소로 인기가 있다. 고혈압, 중풍의 예방효과가 높고 지혈제나 해열제로 이용하던 약용식물이기도 하다.

재료 및 분량

- 참나물 50g

양념
- 멸치액젓 ⅓큰술
- 매실액 2작은술
- 고춧가루 ⅓작은술
- 식초 2작은술
- 참기름
  깨소금

만드는 법

1 줄기와 잎을 따로 손질하여 깨끗이 씻어 물기를 제거한다.

2 먹기 직전에 양념장을 넣고 가볍게 버무려준다.

Cooking Tip

- 고추장, 된장으로 양념해 먹으면 색다른 맛을 낼 수 있다.
- 손으로 무치면 숨이 죽을 수 있으니 젓가락과 숟가락을 이용해 살살 버무리는 것이 좋다.

고춧잎나물

고춧잎은 비타민 C가 풍부하여 피로회복에 도움을 주며 칼로리가 낮아 미용 다이어트에 우수한 식품이다.

재료 및 분량

- 고춧잎 100g
- 소금 ⅛작은술

양념장

- 소금 ½큰술
- 멸치액젓 1작은술
- 깨소금 1작은술
- 참기름 1작은술

만드는 법

1 고춧잎은 다듬어 씻은 후 소금물에 데쳐 찬물에 씻어 물기를 빼둔다.

2 분량의 양념재료를 넣고 조물조물 버무린다.

 Cooking Tip

- 나물은 제대로 데쳐야 무치거나 볶았을 때 색도 예쁘고 맛도 좋다.
- 고춧잎을 무말랭이와 함께 무쳐도 별미다.

고사리나물

고사리는 제사나 명절에 나물로 상에 올리고, 찌개, 국, 전 등에 많이 이용하고 있다. 봄철에 어린 잎과 줄기를 채취하여 먹으면 잎이 부드럽고 연하며 향이 좋다.

재료 및 분량

- 고사리 150g
- 식용유 ½큰술

양념
- 국간장 1큰술
- 다진 파 1작은술
- 다진 마늘 ½작은술
- 들기름 2큰술
- 깨소금 ¼작은술
- 소금

만드는 법

1 충분히 불려진 고사리는 먹기 좋은 크기로 자른다.

2 달궈진 프라이팬에 들기름과 다진 마늘을 넣어 향을 낸 뒤 고사리를 볶아준다.

3 볶아진 고사리에 국간장으로 간을 하고 다진 파를 넣어 한번 더 볶아 완성한다.

 Cooking Tip

- 고사리는 삶아서 찬물에 담근 후 그늘에 말려야 오래 보관하며 먹을 수 있다.
- 많이 성장한 고사리는 잎줄기가 질겨져서 나물로 쓰기 어렵다.
- 고사리를 볶을 때 물이나 육수를 첨가하면서 천천히 볶아야 질겨지지 않는다.

콩나물무침

콩을 물에 담가 불린 다음 시루에 볏짚이나 시루밑을 깔고 그 위에 콩을 담아 어두운 곳에서 고온다습하게 하여 발아시킨다.

재료 및 분량

- 콩나물 100g
- 소금 ½작은술
- 쪽파 20g

양념

- 소금 ½작은술
- 다진 파 ½큰술
- 다진 마늘 ½작은술
- 통깨 ½작은술
- 참기름 ½작은술

만드는 법

1 콩나물은 뿌리를 다듬어 깨끗이 씻어서 준비한다.

2 쪽파는 송송 썰어준다.

3 냄비에 물을 붓고 소금과 콩나물을 넣어 뚜껑을 덮고 물이 끓기 시작한 후 3분 정도 삶아 체에 밭쳐 물기를 뺀다.

4 삶은 콩나물에 양념을 넣고 간이 고루 배도록 무친 후 쪽파와 통깨를 넣는다.

Cooking Tip

- 콩나물을 너무 오래 삶으면 수분이 다 빠져나와 질겨진다.
- 콩나물을 삶는 도중에 뚜껑을 열면 콩나물 비린내가 나므로 주의한다.
- 기호에 따라 고춧가루를 넣는다.

방풍나물

'방풍'이란 '풍(風)을 막는다(防)'는 의미로, 2년생 뿌리는 한방에서 풍증에 효과가 있어 귀한 약재로 쓰인다. 방풍나물은 해안 근처나 바람이 많이 부는 곳에서 주로 서식한다.

재료 및 분량

- 방풍나물 100g
- 소금 1작은술

양념
- 고추장 1큰술
- 다진 마늘 ½작은술
- 설탕 ¼작은술
- 식초 1작은술
- 참기름 ½작은술
- 깨소금 ½작은술

만드는 법

1 억센 부분은 손질하여 씻어준다.

2 끓는 물에 소금을 넣고 부드럽게 될 때까지 데친 후 헹궈 물기를 빼둔다.

3 분량의 양념에 데친 방풍나물을 넣고 버무려 완성한다.

비름나물

비름나물, 비듬나물, 쇠비름, 현채라고도 하며, 삶아서 양념장을 무쳐 먹는 나물이다. 비빔밥에 잘 어울리는 여름나물이다.

재료 및 분량

- 비름나물 100g
- 소금 ½작은술

양념
- 고추장 1½큰술
- 다진 마늘 ½작은술
- 다진 파 1작은술
- 깨소금 ½작은술
- 참기름 1큰술

만드는 법

1 비름나물을 다듬은 후 깨끗이 씻어 소금물에 데쳐준다.

2 찬물에 담근 후 물기를 짜서 5~6cm 정도로 썰어준다.

3 양념을 만들어 준비해 둔 비름나물을 간이 고루 배도록 무친다.

Cooking Tip

- 기호에 따라 간장양념, 된장양념, 고추장양념으로 무친다.

민들레나물

우리나라에서 가장 흔하게 볼 수 있는 여러해살이풀로 봄에 노란꽃을 피운다. 어린잎은 나물로 무쳐먹거나 건조시켜 차로 마시고, 뿌리는 김치를 담가 먹는다. 각종 염증에 좋고, 간질환에도 좋아 약재로 많이 쓰인다.

재료 및 분량

- 민들레 어린잎 100g
- 소금 1작은술

양념
- 고추장 2작은술
- 국간장 1작은술
- 올리고당 1작은술
- 다진 마늘 ⅓작은술
- 참기름 ¼작은술
- 깨소금 ½작은술

만드는 법

1 민들레잎은 물에 잠시 담가두었다가 씻어준다.

2 끓는 물에 소금을 넣고 씻어둔 민들레잎을 데쳐준다.

3 데쳐둔 잎은 물기를 꼭 짜서 먹기 좋은 크기로 잘라준다.

4 준비된 양념재료와 데친 민들레잎을 넣고 조물조물 버무린다.

 Cooking Tip

- 민들레잎을 너무 데치면 곤죽이 되므로 살짝 데친다.
- 민들레는 뿌리가 길며 생명력이 강하여 야생에서 잘 자라는 식물이다.
- 쌉싸름한 맛을 느낄 수 있게 생채로 즐겨 먹는다.

얼갈이무침

얼갈이란 겨울에 논밭을 대강 갈아엎는 일이나 푸성귀를 겨울에 심는 것을 말하고, 얼갈이 배추는 엇갈이배추와 같은 말로 쓰이며 속이 꽉 차지 않고 잎이 성글게 붙은 반결구형 배추 이다.

재료 및 분량

- 얼갈이배추 100g
- 소금 1작은술

양념

- 된장 ½큰술
- 굵은 고춧가루 ½작은술
- 국간장 ⅓작은술
- 다진 마늘 ¼작은술
- 다진 파 ½작은술
- 참기름 ¼작은술

만드는 법

1 얼갈이배추는는 다듬어 씻은 후 끓는 소금물에 데친다.

2 물기를 꼭 짠 뒤 3~4cm 정도로 먹기 좋게 썰어준다.

3 양념을 만들어 데쳐둔 얼갈이배추를 넣고 버무린다.

Cooking Tip

- '어린 무'를 뜻하는 열무는 아삭한 식감을 가지고 있고 우리나라에서는 김치재료로 많이 사용되고 있다.
- 열무는 살살 씻고, 많이 만지지 않아야 풋내가 덜 난다.
- * 얼갈이는 배추가 속이 꽉 차기 전에 배추가 잘 자라도록 속아낸 어린 배추이다.

가지나물

가지나물은 **가지를 결대로 찢어 양념하여 만든 나물**로 부드러운 맛을 내는 여름철 대표 나물이다.

재료 및 분량

• 가지 1개

양념장
• 국간장 1큰술
• 소금 ⅓작은술
• 다진 파 ⅓큰술
• 다진 마늘 ⅓작은술
• 깨소금 ⅓큰술
• 참기름 1큰술

만드는 법

1 가지는 꼭지를 떼고 깨끗이 씻어 6cm 정도 길이로 자르고, 세로로 2~4등분하여 자른다.

2 찜통에 물을 올려 끓어오르면 손질한 가지를 넣고 5분 정도 쪄서 식혀둔다.

3 쪄진 가지는 먹기 좋은 크기로 손으로 찢어 양념장을 넣고 고루 버무린다.

 Cooking Tip

• 가지에 고춧가루를 넣고 볶으면 매콤하게 먹을 수 있다.
• 가지에 들어 있는 안토시아닌 색소는 발암물질을 억제하고 항암효과가 있다.

모둠버섯나물

버섯은 식이섬유소와 비타민 D가 풍부하고, 열량이 적은 식품으로, 버섯 고유의 향을 잘 살리려면 양념을 많이 첨가하지 않는 것이 좋다.

재료 및 분량

- 생표고버섯 50g
- 느타리버섯 50g
- 흰느타리버섯 50g
- 새송이버섯 40g
- 청피망 ⅛개
- 홍피망 ⅛개
- 소금 1작은술

양념

- 소금 ½큰술
- 식용유 ½큰술
- 통깨 ¼작은술
- 들기름 ½작은술

만드는 법

1 표고버섯은 기둥을 떼고 0.3cm 두께로 썰어준다. 느타리버섯은 결대로 찢어준다. 새송이버섯은 반으로 자른 후 표고버섯과 같은 크기로 썰어준다.

2 각각의 버섯을 달궈진 프라이팬에 기름과 소금을 넣고 볶는다.

3 피망은 굵게 채썬 뒤 볶아준다.

4 버섯이 숨이 죽으면 소금을 넣어 간을 맞춘 후 피망, 들기름을 넣어 완성한다.

 Cooking Tip

- 각각의 버섯은 익는 정도가 다르므로 주의하여 볶는다.
- 볶을 때 기름을 많이 넣고 볶으면 버섯의 질감 때문에 더 느끼하게 느껴질 수 있다.
- 버섯이 가지고 있는 수분에 의해 볶아질 수 있도록 한다.
- 들깻가루를 넣어도 좋다.

고구마순나물

7~8월 여름이 제철인 고구마순 줄기는 들깻가루를 넣고 볶음으로 많이 즐기며, 김치로도 좋다. 또한 말려두었다가 나물로도 이용한다.

재료 및 분량

- 고구마줄기 100g
- 양파 ¼개
- 실고추

양념
- 국간장 ½큰술
- 소금 ¼작은술
- 깨소금 ¼작은술
- 물 1½큰술
- 참기름 1½큰술

만드는 법

1 고구마순은 껍질과 잎을 제거하여 4~5cm 길이로 준비하고 양파는 채썬다.

2 고구마순은 끓는 물에 데친 후 양념장에 무친다.

3 달군 프라이팬에 양파를 볶다가 양념한 고구마줄기를 넣고 볶는다.

4 마지막에 실고추를 넣어 완성한다.

Cooking Tip

- 고구마순은 마르지 않고 통통한 것으로 선택하는 것이 좋다
- 생선조림에 같이 이용해도 식감과 맛이 좋다.

머위잎나물

잎이 먹물처럼 짙푸르다는 뜻을 가졌고 꽃이 피는 나물이라 하여 봉두채(蜂斗菜)라 하며, 지방마다 꼼치, 머구, 머우, 머으, 머귀, 머윗대라고 부른다.

재료 및 분량

- 머위 100g
- 소금

양념
- 국간장 1작은술
- 된장 2작은술
- 설탕 1작은술
- 고춧가루 1작은술
- 참기름 1작은술

만드는 법

1 어린 머위는 소금물에 넣고 살짝 데친다.

2 양념장을 섞은 후 데친 머위나물을 넣고 무친다.

Cooking Tip

- 봄에는 연한 잎과 줄기를 나물로 먹으며, 봄 이후부터는 잎이 크고 억세져 머윗대 겉껍질을 벗겨 데쳐 먹는다.
- 들깻가루를 같이 무치면 머위의 맛이 부드러워지고 들깨의 불포화지방산으로 성인병 예방에 좋다.

부지갱이나물

국화과에 속하는 다년생 식물로 울릉도에 많이 자생하고 있다.

재료 및 분량

- 부지갱이 100g

양념
- 국간장 ½큰술
- 다진 마늘 ⅛작은술
- 들기름 1작은술
- 깨소금 ½작은술

만드는 법

1 부지갱이나물은 줄기 아래 질긴 부분을 떼어낸 후 끓는 물에 데친다.

2 양념장을 섞은 후 데친 나물에 조물조물 무친다.

 Cooking Tip

- 말린 부지갱이나물은 삶은 후 찬물에 우려내야 쓴맛이 빠진다.
- 부지갱이는 나물밥, 튀김, 된장국에도 이용된다.

땅두릅나물

땅두릅과 나무두릅이 있는데 땅두릅은 4~5월에 땅속에서 돋아나는 새순을 잘라낸 것이다.

재료 및 분량

- 참땅두릅 100g
- 소금 1작은술

양념
- 소금 ½작은술
- 깨소금 ½작은술
- 참기름 ½작은술

만드는 법

1 땅두릅의 억센 부분은 떼어내고 다듬는다.

2 땅두릅은 씻은 뒤 소금물에 데친다.

3 소금, 참기름, 깨소금을 넣고 양념한다.

 Cooking Tip

- 땅두릅은 다른 양념 없이 소금으로만 양념하면 두릅의 향을 더욱 느낄 수 있다.
- 땅두릅은 무겁고 통통하며 굵은 것, 연한 분홍색을 띤 백색으로 광택 있는 것이 좋다.

함초두부무침

함초의 함은 짠맛을 의미하는데, 바닷가에서 소금을 흡수하면서 자라기 때문이다.

재료 및 분량

- 함초 100g
- 두부 ¼모

양념
- 간장 ¼큰술
- 참기름 ½큰술

두부양념
- 소금
- 후추
- 참기름

만드는 법

1 함초는 데친 후 4~5cm 길이로 손질한다.

2 두부는 으깨서 두부양념으로 밑간한다.

3 데친 함초와 두부양념한 것을 섞은 뒤 국간장, 참기름을 넣어준다.

 Cooking Tip

- 함초와 나문재의 구별방법 : 함초는 녹색이 진하고 뻣뻣하지만 나문재는 부드러우며, 붉은색이 약간 있는 어두운 녹색이다.
- 함초는 즙이나 가루로 만들어 이용하기도 한다.
- 데친 후에 냉동보관하면 좋다.

나문재나물

칼슘, 칼륨, 인, 철분, 나트륨 등의 미네랄이 풍부한 나문재는 염전이나 해안가에 봄부터 돋아나는 식물로 연한 어린순만 먹는다. 바다의 갯내음을 풍기는 맛이 독특하다.

재료 및 분량

- 나문재 100g

양념
- 된장 1큰술
- 참기름 1큰술
- 깨소금 1큰술
- 식초 ¼작은술
- 설탕
- 고춧가루

만드는 법

1 나문재는 손질하여 씻은 후 끓는 물에 살짝 데친다.

2 양념장을 섞은 후 나문재나물을 넣고 살살 무친다.

Cooking Tip

- 나문재는 초고추장에 무쳐도 맛이 좋다.
- 비슷한 해홍나물은 나문재보다 짧고 통통한 긴 바늘모양의 붉은색을 띤다.

韓食
美學

korean – style food

무침·쌈

골뱅이무침 · 도토리묵무침
상추쌈상차림 · 돼지보쌈

골뱅이무침

골뱅이의 단백질은 피부노화를 방지하는 히스친 점액을 함유하고 있으며, 콘드로이틴이라는 성분으로 인해 여름철 스태미나 강장식품으로 각광받고 있다.

재료 및 분량

- 골뱅이 1캔
- 소면 80g

부재료
- 대파 1대
- 양파 50g
- 적채 30g
- 홍피망 ¼쪽
- 사과 ¼쪽
- 오이 ⅓개
- 미나리 40g
- 깻잎 1단

양념
- 고추장 1큰술
- 고춧가루 5큰술
- 간장 1큰술
- 설탕 1½큰술
- 3배 식초 3큰술
- 물엿 1큰술
- 사이다 2큰술
- 다진 마늘 2큰술
- 다진 생강 ½작은술
- 청양고추 2개
- 깨소금 1큰술
- 참기름 1큰술

만드는 법

1 골뱅이는 물기를 빼고 2등분한다.

2 대파는 반으로 갈라 심을 빼고 곱게 채썬다.

3 양파, 적채, 홍피망, 사과, 오이, 깻잎은 채썰고 미나리는 4cm로 자른다.

4 양념장은 미리 만들어 숙성시켜 놓는다.

5 소면은 삶아 찬물에 씻은 뒤 물기를 빼서 동그랗게 준비한다.

6 준비한 골뱅이와 채소를 양념에 살살 버무려 접시에 담고 준비한 소면을 함께 올린다.

 Cooking Tip

- 칼칼하고 매운맛을 원하면 양념장에 청양고추를 다져 넣는다.
- 오징어채, 북어채를 넣고 싶으면 골뱅이 국물에 살짝 불렸다 사용하면 좋다.
- 골뱅이 대신 소라살이나 해산물을 데쳐 넣어도 좋다.

도토리묵무침

도토리가 다이어트에 도움이 되는 이유는 타닌과 폴리페놀 등이 지질 패턴에 영향을 미쳐 지방 배설량을 증가시켜 체내 지질함량을 감소시키기 때문이다. 그리고 도토리 내피에 들어 있는 식이섬유가 체내 지질 및 체중 증가를 억제시킨다는 보고도 있다.

재료 및 분량

· 도토리묵 600g · 오이 100g · 청고추 1개
· 홍고추 ¼개 · 양파 50g · 쑥갓잎 20g · 깻잎 5장

부재료

· 간장 4큰술 · 설탕 2작은술 · 식초 ½작은술
· 고춧가루 2큰술 · 다진 마늘 1작은술 · 참기름 1큰술
· 깨소금 2작은술

만드는 법

1 묵을 2×4cm 크기로 잘라 데친 후 소쿠리에 받쳐 식힌다.

2 오이는 3단 뜨기하여 어슷썰고 청·홍 고추도 얇게 어슷썰기한다.

3 쑥갓은 잎으로만 준비해 두고, 깻잎은 굵게 썰어 씻은 후 물기를 뺀다.

4 양념장을 만들고 묵을 먼저 버무린 후 채소를 넣고 섞어 완성한다.

 Cooking Tip

· 부드러운 묵은 데치지 않고 그냥 사용해도 괜찮다.

상추쌈상차림

상추는 불면증, 황달, 빈혈, 신경과민 등에 날것으로 먹으면 효과가 있다. 스트레스를 받거나 우울할 때 상추를 먹으면 한결 기분이 좋아지는 효과를 얻을 수 있는데, 상추잎을 꺾을 때 나오는 흰 즙에 진정작용을 하는 락투세린과 락투신 성분이 들어 있기 때문이다. 또한 치아를 희게 하고 피를 맑게 하며 해독작용을 해 술을 자주 마시는 사람에게 좋다.

재료 및 분량

• 상추 350g • 쑥갓 200g • 실파 150g

만드는 법

1 상추는 흐르는 물에 깨끗이 씻어 물기를 빼고, 쑥갓은 연한 부분만 다듬어 씻는다.

2 실파는 다듬어 5cm 크기로 자른다.

3 채반에 상추, 쑥갓, 실파를 예쁘게 담아 낸다.

4 약고추장, 장똑똑이, 보리새우볶음, 병어감정 등과 같이 내도록 한다.

 Cooking Tip

• 옛날에는 상추를 뒤집어서 매끄러운 안쪽이 바깥으로 나오게 하여 싸서 먹었다고 한다.
• 5월 초 노지에서 나오는 상추 또는 솎음 상추라면 맛이 더욱 좋다.

돼지보쌈

『동의보감(東醫寶鑑)』에 의하면 돼지고기는 허약한 사람을 살찌게 하고 음기를 보하며, 성장기의 어린이나 노인들의 허약을 예방하는 데 좋은 약이 된다고 소개하고 있다.

재료 및 분량

- 삼겹살(수육용) 600g

향채
- 대파 1대
- 마늘 10개
- 통후추 1큰술
- 된장 1큰
- 청주 3큰술

부재료
- 익은 배추김치 100g
- 청고추 1개
- 홍고추 1개
- 마늘 20g

새우젓양념
- 새우젓 2큰술
- 물 2큰술
- 고춧가루 ½큰술
- 참기름
- 통깨

만드는 법

1 돼지고기는 찬물에 핏물을 뺀다.

2 냄비에 물이 끓으면, 향채를 넣고 돼지고기를 넣은 뒤 중불에서 1시간 정도 삶아 고기를 부드럽게 익힌다.

3 삶은 고기는 한 김 나간 후에 0.5cm 두께로 썰어서 준비한다.

4 배추김치는 썰어놓고, 마늘은 편으로 썰고, 청고추, 홍고추는 어슷썬다.

5 새우젓양념을 곁들여 낸다.

 Cooking Tip

- 끓는 물에 넣어야 고기맛과 육즙이 좋다.
- 보쌈용 고기는 삼겹살이나 앞다리살로 지방이 약간 있는 부위가 삶으면 부드럽다.
- 고기의 누린맛을 제거하기 위해 커피, 월계수잎, 양파를 넣기도 한다.

korean – style food

조림·초

고등어조림 • 갈치조림 • 뿌리채소조림
콩조림 • 돈사태장조림 • 오징어채조림
삼합장과 • 홍합초 • 전복초

고등어조림

고등어에는 **단백질, 지방, 칼슘, 인, 나트륨, 칼륨, 비타민 A, 비타민 B, 비타민 D 등**의 영양소가 풍부하다. 생선에만 들어 있는 특수한 영양소인 EPA와 DHA가 많이 함유되어 있다. 불포화지방산인 DHA나 EPA는 모두 혈중 콜레스테롤치를 현저히 감소시켜서 고혈압, 동맥경화증 등의 성인병을 예방하고 두뇌활동을 활발하게 하여 노인성 치매 등을 예방하는 데 효과가 있다.

재료 및 분량

- 고등어 1마리
- 무 50g

부재료
- 물 1½컵
- 대파 1대
- 마늘 1알
- 생강 20g
- 청양고추 1개

양념
- 고춧가루 1½큰술
- 까나리액젓 3큰술
- 설탕 1작은술
- 미림 1큰술
- 후춧가루 ⅛작은술

만드는 법

1 고등어는 5cm 크기로 토막을 낸 후 내장을 제거하고 깨끗이 씻는다.

2 대파, 청양고추는 어슷썰고 무는 도톰하게 썰고 마늘, 생강은 채 썰어 준비한다.

3 냄비에 물 1½컵을 붓고 무를 넣어 무가 반쯤 익으면 토막낸 고등어와 양념장을 넣어 익힌 후 마늘, 생강채를 올리고 대파, 청양고추를 올려 윤기나게 조린다.

 Cooking Tip

- 뚜껑을 열고 조려야 비린내가 나지 않고 윤기가 난다.
- 무를 깔고 고등어를 얹어 양념장을 넣고 조린 음식이다. 고등어는 '바다의 보리'라 불릴 정도로 영양가가 풍부한 고열량식품이다.

갈치조림

갈치는 단백질과 지방이 알맞게 들어 있으며 무기질의 보충제로 **뼈**나 근육을 **튼튼하게** 해준다. 갈치의 주된 영양성분은 단백질 및 이를 구성하는 아미노산이며, 이 중 특히 리신, 페닐알라닌, 메티오닌, 로이신, 발린 등과 같은 필수아미노산이 많아 곡류를 많이 먹는 사람에게는 균형 잡힌 영양을 제공한다.

재료 및 분량

- 갈치 1마리

부재료
- 무 1개
- 풋고추 2개
- 홍고추 1개
- 대파 1대
- 양파 1개
- 청주 1큰술
- 다진 마늘 2큰술

무양념
- 멸치액젓 1큰술
- 청주 1큰술
- 소금 1작은술

양념장
- 물 1컵
- 간장 5큰술
- 설탕 2큰술
- 청주 2큰술
- 고춧가루 5큰술
- 다진 마늘 3큰술
- 생강즙 ½큰술
- 후춧가루

만드는 법

1 갈치는 칼등으로 비늘을 제거하고 토막내어 내장을 깨끗이 씻은 후 청주를 뿌린다.

2 무는 부채꼴로 썬 뒤 모서리를 둥글게 다듬어 삶아 멸치액젓, 소금, 청주를 넣는다.

3 양념장은 모두 섞어 준비하고 양파는 굵게 채썰고 대파와 청·홍고추는 어슷썬다.

4 삶은 무를 깔고 갈치, 양파, 양념장을 넣고 조린 다음 대파, 청·홍고추를 넣고 더 조려서 완성한다.

Cooking Tip

- 칼칼하고 매운맛을 원할 때는 물 ⅓컵, 고추장 2큰술, 참치액을 약간 부어 요리하면 좀 더 얼큰한 맛을 느낄 수 있다.
- 갈치는 눈이 또렷하고 껍질에 상처가 없는 것을 고르면 신선하다. 냉동갈치에는 청주와 참기름을 뿌려주면 비린내가 제거된다.
- 무를 깔고 토막낸 갈치를 얹어 양념장을 넣고 조린 음식이다. 갈치는 단백질이 풍부하고 맛이 있어 구이, 조림, 찌개 등으로 다양하게 조리한다.

뿌리채소조림

연근은 연꽃의 뿌리로 식이섬유소가 풍부한 식품 중 하나이며, 우엉은 우방(牛蒡)이라고도 하는데, 순도 먹을 수 있다 하여 우채(牛菜)라고도 한다.

재료 및 분량

- 연근 200g
- 우엉 100g
- 식초물 1컵
- 당근 ⅓개

부재료
- 쇠고기(우둔) 100g
- 표고버섯 1개
- 참기름 1큰술

조림양념장
- 간장 3큰술
- 설탕 2큰술
- 청주 ½큰술
- 멸치육수 1~2컵

만드는 법

1 연근과 우엉은 껍질을 제거하고 한입 크기로 썰어 식초물에 삶아 준비한다.

2 당근은 밤톨 크기로 썰고 쇠고기는 한입 크기로 얇게 썬다.

3 표고버섯은 미지근한 물에 불린 후 물기를 제거하고 4등분한다.

4 냄비에 참기름을 넣고 쇠고기를 볶다가 표고버섯, 연근, 우엉, 당근을 넣고 더 볶은 후 조림양념장을 넣고 윤기나게 조린다.

Cooking Tip

- 윤기나게 조리려면 냄비 뚜껑을 열고 양념장을 끼얹어 조려야 한다.
- 한번 삶아서 조리하면 조림양념이 잘 스며들고 색도 좋아진다.

콩조림

콩자반은 콩좌반(佐飯)에서 비롯된 이름인데, 좌반이란 밥의 옆에 따른다는 의미로 밥반찬의 의미가 깊으며, 짭찔하게 만든 반찬에 붙는 명칭이다. 지방에 따라 콩조림 · 콩장 등으로도 불린다.

재료 및 분량

· 검은콩(서리태) 200g

조림양념장

· 간장 2큰술
· 물 2½컵
· 설탕 4큰술
· 통깨 1작은술

만드는 법

1 검은콩은 깨끗이 씻어 일어서 체에 밭쳐 10분 정도 물기를 뺀다.

2 냄비에 콩과 간장, 물을 붓고 설탕을 넣어 센 불에 3분 정도 올려 끓으면 중불로 낮추어 30분 정도 끓인다.

3 콩이 익으면 약불에서 10분 정도 더 조린다.

4 다 조린 후 통깨를 넣고 고루 섞는다.

Cooking Tip

· 흰콩(메주콩), 생땅콩, 약콩으로 조리해도 좋다.
· 멸치, 쇠고기, 각종 견과류를 같이 조려도 어울린다.
· 설탕을 처음부터 많이 넣으면 단단해지므로 나눠서 조리한다.

돈사태장조림

우리나라 사람들은 돼지고기를 삼겹살로만 구이를 해서 먹는 경향이 있는데 매우 편협한 요리법이다. 또한 돼지고기엔 상추보다 부추가 훨씬 더 잘 어울린다. 돼지고기의 찬 성질을 부추가 보완해 주기 때문이다. 따라서 돼지고기를 먹고 차가운 냉면을 바로 먹는 것은 바람직하지 않다.

재료 및 분량

• 돈사태 200g • 꽈리고추 40g • 메추리알 10알
• 마늘 4알 • 생강 ½쪽

부재료
• 물 1컵 • 간장 ⅔컵 • 설탕 35g

만드는 법

1 돈사태는 토막을 낸 후 핏물을 제거한다.

2 메추리알은 삶고, 꽈리고추는 꼭지를 떼고 씻어둔다.

3 끓는 물에 돈사태를 넣어 살짝 튀한 뒤 손으로 찢어준다.

4 냄비에 조림장을 넣고 돈사태, 메추리알, 생강, 마늘을 넣고 조린다.

5 거의 조렸으면 꽈리고추를 넣고 살짝 조려서 완성한다.

 Cooking Tip

• 고기를 먼저 튀한 뒤 찢어 양념장과 끓이면 고기에 간이 금방 스며든다.
• 돈사태 대신 물오징어를 이용해도 맛있다.

오징어채조림

마른 오징어채를 고추장양념에 넣고 볶아서 매운맛을 낸 마른 찬이다. 오징어는 오징어과에 속하는 연체류로서 다리가 10개이다. 오징어에는 아미노산 중 타우린의 함량이 높아 피로회복효과가 있다.

재료 및 분량

- 오징어채 100g

부재료
- 고추장 1큰술 • 설탕 2작은술 • 청주 1큰술
- 물 1큰술 • 물엿 1작은술 • 참기름 1작은술
- 깨소금 1작은술

만드는 법

1 오징어채를 4cm 길이로 자른다.

2 참기름과 깨소금을 뺀 나머지 양념을 팬에 넣어 거품이 날 때까지 끓인 후 불을 끄고 오징어채를 넣고 고루 버무려준다.

3 참기름, 깨소금을 뿌려 마무리한다.

 Cooking Tip

- 오징어채가 너무 말랐거나 딱딱할 경우 스프레이로 물을 살짝 뿌려주면 부드러운 오징어채를 만들 수 있다.

삼합장과

장아찌를 한자로 장과(醬果)라 하며, 삼합장과는 익혀 만든 장아찌로 숙장과의 하나이다.

재료 및 분량

- 전복 1개
- 불린 해삼 60g
- 홍합살 100g
- 쇠고기(우둔) 50g
- 참기름 1작은술
- 잣가루 1작은술

쇠고기양념장
- 간장 1작은술
- 설탕 ½작은술
- 다진 파 1작은술
- 다진 마늘 ½작은술
- 깨소금 1작은술
- 참기름 1작은술

조림장
- 간장 1½큰술
- 꿀 2½큰술
- 생강즙 ½작은술
- 물 ½컵

만드는 법

1 전복은 솔로 깨끗이 씻어, 전복살과 내장을 떼어낸 후, 전복 모양을 살려 저며썬다.

2 해삼은 저며썰고, 홍합살은 수염을 잘라낸 뒤 소금물에 살살 헹군다.

3 쇠고기는 전복 크기 정도로 썰어, 쇠고기양념장으로 양념한다.

4 조림장을 만든다.

5 끓는 물에 전복, 해삼, 홍합을 각각 살짝 데친다.

6 냄비에 조림장을 넣고 센 불에서 끓으면 중불로 낮추어 쇠고기를 넣고 조리다가 전복과 해삼, 홍합을 넣고 더 조린 다음, 마지막에 참기름을 넣고 고루 섞는다.

7 그릇에 담고 잣가루를 뿌린다.

 Cooking Tip

- 홍합은 말린 건홍합을 사용하면 쫄깃한 식감이 된다.
- 보관하여 드실 수 있는 음식으로 선물용으로도 좋다.

홍합초

데친 홍합살에 마늘, 생강을 넣고 양념장에 조린 음식이다. 홍합은 한방에서 피를 보(補)하고, 간을 튼튼하게 하는 효능이 있어 빈혈·식은땀·현기증·허약체질에 처방한다. 초(炒)는 재료를 장물에 조려 윤기가 나게 만드는 조리법이다.

재료 및 분량

- 생홍합살 500g · 양파 20g · 마늘 3개 · 청고추 3개
- 홍고추 2개

부재료
- 조림간장 4큰술 · 참기름 1큰술 · 식용유 3큰술
- 녹말가루 1큰술 · 물 2큰술

만드는 법

1 홍합은 수염을 다듬어 깨끗이 씻은 후 끓는 물에 데쳐서 그대로 식힌다.

2 마늘은 편으로 썰고 홍고추, 청고추, 양파는 정사각형으로 작게 썬 다음 볶아준다.

3 팬에 식용유를 두르고 홍합을 볶다가 약불에서 조림간장을 조금씩 넣어 바특하게 조린 후 녹말물을 넣고 걸쭉하게 한 다음 볶은 채소를 넣어준다.

4 녹말물과 참기름을 둘러 윤기를 낸다.

 Cooking Tip

- **초** : 간장, 설탕에 바특하게 조린 다음 녹말가루를 풀어 입힌 것
- **조림** : 간장, 설탕에 바특하게 조린 것 · **건홍합** : 국에 사용. 물에 불려 사용한다.
- **생홍합** : 물에 데쳐 사용한다.

전복초

궁중에서 먹던 보양음식으로, 전복과 쇠고기에 양념장을 넣고 윤기 있게 조린 음식이다. 전복은 지방이 적고 아미노산이 많이 들어 있어 몸이 허약한 사람이나 환자에게 좋은 음식이다. 비타민 B_1과 B_2의 함유량이 많아 뇌의 작용을 활성화시키고 피로회복을 돕는다.

재료 및 분량

· 전복 100g · 쇠고기(우둔) 20g · 은행 4알 · 달걀 1개

부재료

· 간장 1큰술 · 설탕 1작은술 · 물 3큰술 · 마늘 1쪽
· 생강 1쪽 · 흰파 1뿌리 · 후춧가루
· 녹말가루 ½큰술 · 물 1큰술 · 참기름 1작은술
· 잣가루 1작은술

만드는 법

1 전복을 손질하여 씻은 후 찜통에 살짝 찐다.

2 쇠고기, 마늘, 생강은 납작하게 저미고, 파는 3cm로 자른다.

3 냄비에 전복과 간장, 설탕, 물을 담고, 마늘, 생강, 파와 쇠고기를 한데 넣고 불에 올려 끓인다.

4 장물이 끓어오르면 전복을 넣고 약한 불에서 조린다. 조리는 도중 장물을 끼얹어 간이 배게 한다.

5 꺼내기 전에 부재료의 녹말물을 만들어 전복에 둘러 꺼낸 다음 잣가루를 뿌린다.

6 은행과 지단을 고명으로 올린다.

 Cooking Tip

· 전복을 얇게 저미며 쇠고기와 함께 간장에 조린 초이다. · 오래 조리면 전복이 질겨지므로 주의한다.
· 전복은 고단백이고 아미노산이 풍부해 단맛이 난다.
· 전복은 산모가 고아 먹으면 모유가 많이 나오게 한다.

韓食美學

korean - style food

구이

LA갈비 • 쇠갈비구이 • 북어구이 • 너비아니구이
대합구이 • 떡갈비구이 • 뱅어포구이
낙지호롱 • 가지양념구이 • 느타리버섯구이
더덕돼지불고기 • 오리불고기

LA갈비

LA갈비는 LA타운에서 갈비가 먹고 싶은데 갈비를 뜨는 기술이 없어서 slice machine에 썰어서 먹었다는 설이 있다. 또 다른 설은 갈비를 써는 방향에 의해 붙여진 이름이라는 것이다. 영어 단어 중 'lateral'이 '측면의'라는 뜻이다. 갈비를 써는 방향을 뼈 방향대로 길게 써는 한국식과 달리 통째로 갈비 측면을 자른다고 해서 'lateral' 약자를 따 'LA'갈비라 부르게 된 것이라는 설이다. 따라서 LA갈비가 아니고 'LA식 갈비'가 맞는 표현이지만 보통 LA갈비라고 쓰인다.

재료 및 분량

• LA갈비 1kg

양념장
• 간장 1컵
• 설탕 150g
• 물 6컵
• 청주 ¼컵
• 양파 80g
• 배 50g
• 마늘 50g
• 대파 50g
• 깨소금 1큰술
• 후춧가루 ¼작은술
• 참기름 2큰술

만드는 법

1 LA갈비는 기름을 떼어내고 핏물을 뺀다.

2 양파, 대파, 배, 마늘을 큼직하게 잘라 청주와 믹서기에 넣고 간다.

3 그릇에 간장, 설탕, 물, 갈아 놓은 채소와 섞는다.

4 핏물을 뺀 갈비는 양념하여 하룻밤을 재운다.

5 재워진 갈비는 석쇠를 달구어 굽거나 팬에 구워 낸다.

 Cooking Tip

• 고기를 좀 더 부드럽게 하기 위해 연육작용을 하는 키위나 파인애플을 갈아 넣을 수 있다.

쇠갈비구이

쇠갈비에 간장양념으로 양념하여 숯불에 구운 음식이다. 쇠갈비구이는 맥적에서 유래되었으며 구워 먹기 때문에 맛과 향이 좋다.

재료 및 분량

• 쇠갈비(구이용) 1kg • 잣 1큰술

양념장
• 간장 6큰술 • 배즙 5큰술 • 설탕 3큰술
• 다진 파 3큰술 • 양파즙 5큰술 • 다진 마늘 1½큰술
• 깨소금 1½큰술 • 후춧가루 ¼작은술 • 꿀 1큰술
• 참기름 2큰술

만드는 법

1 갈비는 되도록 연한 암소를 사용하며 6cm 길이로 토막내어 기름 덩어리와 질긴 껍질을 떼어낸다. 살을 0.5cm 두께로 얇게 저며 잔칼집을 넣고 실온에 두어 핏물을 뺀다.

2 파, 마늘을 다지고 배와 양파는 갈아 다른 양념과 모두 합하여 양념장을 만든다. 배가 없을 경우 육수를 대신 넣어도 된다.

3 고기는 먹기 30분 전쯤 양념장으로 주물러 간이 배게 한다.

4 석쇠에 양면을 고루 익힌다.

5 잣가루를 뿌려 낸다.

 Cooking Tip

• 배 대신 파인애플이나 키위를 넣어도 좋다.
• 갈빗살에 칼집을 고루 내는 것도 중요하다.

북어구이

말린 북어를 물에 불린 후 고추장양념을 발라 구운 음식이다. 북어는 산란기의 명태를 잡아 동결과 기화(氣化)를 반복하여 만든다. 북어의 단백질에는 알코올 해독과 간을 보호하는 기능을 가진 아미노산이 풍부하게 들어 있다.

재료 및 분량

• 북어(마른 것 70g) 1마리

부재료

• 간장 1큰술 • 고추장 1큰술 • 설탕 2작은술
• 다진 파 1큰술 • 다진 마늘 ½큰술 • 깨소금 2작은술
• 참기름 2작은술 • 실파

만드는 법

1 북어포는 물에 불리고, 통북어는 방망이로 두드린 후 물에 불린다. 이때 통북어는 머리부터 두드리고, 조금 부드러워지면 옆으로 세워 두드린다.

2 두드린 북어를 물에 20분 정도 담갔다가 다시 두드린다.

3 배를 반으로 가르고 뼈를 제거한 후, 6cm 길이로 자른다.

4 북어의 양념에 따라 양념의 양이 달라진다.

5 석쇠에 굽는다.

Cooking Tip

• 북어를 물에 담갔다가 가시를 빼고 물에 씻는다.
• 북어가 촉촉해야 타지 않고 양념이 잘 배어든다.
• 경우에 따라 고춧가루를 넣을 수도 있다.
• 간장이나 고추장을 사용하기도 하는데, 고추장 사용 시 간장을 ½작은술 넣어 부드럽게 한다.

너비아니구이

너비아니란 쇠고기를 너붓너붓하게 썰었다 하여 붙여진 이름으로 잔칼질을 많이 하여 육질이 부드럽다. 불고기나 너비아니는 한국 요리에서 쇠고기를 양념에 재워 채소를 넣고 자작하게 만든 음식이다. 구이에는 결합조직이 적고 지방질이 조금씩 섞인 고기가 맛있고 연하기 때문에 안심이나 등심 등의 부위가 가장 많이 사용된다.

재료 및 분량

· 쇠고기(안심) 100g · 양파 20g · 적채 50g · 깻잎

부재료

· 잣가루 · 물 ½컵 · 참기름 1작은술

고기양념

· 간장 1큰술 · 파 2작은술 · 깨소금 1작은술 · 후춧가루
· 설탕 1작은술 · 참기름 1작은술

만드는 법

1 고기는 살짝 얼었을 때 얇게 슬라이스한다.

2 양파와 적채는 얇게 채썰어 물에 담가 놓는다.

3 고기를 양념에 버무려 바로 굽는다.

4 석쇠에 고기를 구워 양파와 적채, 깻잎을 접시에 담고 잣가루로 마무리한다.

 Cooking Tip

· 국, 찌개의 고기양념에는 설탕, 깨소금을 넣지 않는다.
· 연한 고기의 섬유를 얇게 끊어 저며서 가로, 세로로 잔칼질을 한 다음 배즙이나 청주 · 설탕 등에 버무려 잠시 놓아두면 효소작용이 활발해져서 고기가 연해진다.

대합구이

대합에는 단백질, 타우린, 비타민 B$_{12}$, 칼슘, 철, 세린 등 다양한 영양성분이 함유돼 있기 때문에 당뇨병에 좋다. 또 비타민 B$_{12}$와 철분의 작용으로 빈혈을 예방하고 치료한다. 뼈와 치아를 튼튼하게 하는 효과도 있다. 산란시기에 잡힌 것은 맛이 없고 2, 3월에 잡힌 것이 가장 맛이 좋다. 예로부터 부부 화합의 상징으로 대변되는 조개가 바로 대합이다.

재료 및 분량

• 대합 1kg • 조갯살 60g • 쇠고기(우둔) 50g
• 두부 70g • 달걀 1개 • 밀가루

부재료

• 소금 1작은술 • 마늘 1작은술 • 참기름 1작은술
• 후춧가루 ¼작은술

만드는 법

1 대합살, 조갯살, 쇠고기, 두부를 다져서 소금, 마늘, 후춧가루로 버무려 속을 만든다.

2 대합껍질 속에 밀가루를 뿌려 속을 채운다.

3 밀가루와 달걀옷을 입혀 팬에 노릇하게 익힌다.

4 프라이팬에 먼저 익혀낸 후 석쇠자국이 나도록 석쇠에 굽는다.

 Cooking Tip

• 대합은 반드시 해감한다.
• 재료는 곱게 다져서 지져야 음식이 매끄럽다.
• 속을 채운 대합을 쪄서 굽기를 다시 하기도 한다.

떡갈비구이

시루떡처럼 생겼다 하여 떡갈비라고도 한다. 쇠갈빗살을 곱게 다져 양념하고 갈비뼈에 다시 붙여서 구운 음식이다. 떡갈비는 씹는 맛이 부드러운 것이 특징으로, 돼지고기를 섞어야 구 웠을 때 훨씬 맛이 좋다. 또한 이가 약한 노인분들에게 권할 만한 음식이다.

재료 및 분량

- 다진 쇠고기 갈빗살 140g • 다진 돼지고기 60g
- 설탕 1큰술

부재료
- 다진 양파 1큰술 • 다진 새송이버섯 1큰술

떡갈비양념
- 간장 1큰술 • 다진 마늘 2작은술 • 소금 ¾작은술
- 청주 1큰술 • 후춧가루 ⅛작은술 • 참기름 ½큰술
- 식용유 1큰술

만드는 법

1 쇠고기와 돼지고기를 섞어서 설탕을 넣고 연육시킨다.

2 다진 새송이버섯과 다진 양파는 기름에 넣어 함께 볶은 후 접시에 펼쳐 식힌다.

3 고기와 볶아놓은 버섯과 양파, 준비한 양념을 섞어 세게 치대면서 반죽한다.

4 떡갈비 반죽뼈를 넣어 높이 1.2cm, 지름 8cm 정도로 모양을 잡은 후 팬에 식용유를 두르고 앞뒤를 바싹 익혀 육즙이 빠져 나오지 않게 준비한다.

5 오븐은 200℃로 예열한 후 팬에 구운 떡갈비를 넣고 7분간 구워 속까지 완전히 익힌다.

 Cooking Tip

- 떡갈비 반죽은 세게 치댈수록 떡갈비 반죽의 공기가 잘 빠져 나와 반죽이 단단하게 뭉쳐지고 구웠을 때 갈라지지 않는다.

뱅어포구이

뱅어는 비타민 B가 풍부하여 각기병을 예방하고, 비타민 B$_{12}$가 풍부하여 빈혈을 예방한다. 죽었을 때 몸 색깔이 하얗게 변한다 하여 한자로 백어(白魚)라 하였고, 예로부터 우리말로는 뱅어라고 불렀다. 하얀 국수 면발처럼 생겨서 이와 관련된 방언이 있을 정도이다. 실가닥처럼 생겨서 어린 뱅어를 실치라 부르기도 한다.

재료 및 분량

· 뱅어포 1단 · 깻잎 5장

부재료

· 고추장 3큰술 · 고춧가루 2큰술 · 다진 파 1큰술
· 간장 3큰술 · 설탕 1½큰술 · 물엿 3큰술
· 찹쌀풀 3큰술 · 참기름 1큰술 · 깨소금 1큰술

만드는 법

1 뱅어포의 앞뒤를 손바닥으로 문질러 뱅어포에 묻은 티를 모두 떼어낸다.

2 양념장을 모두 섞어서 준비한다.

3 깻잎은 곱게 채썰어 준비한다.

4 뱅어포를 겹쳐 놓고 붓으로 양념장을 고루 펴 바른 후 채썬 깻잎을 뿌린 다음 뱅어포를 위로 올려놓고 다시 반복작업을 한다.

5 양념장 바른 뱅어포를 잠시 말린 후 석쇠에 2장씩 놓고 김 굽듯이 고루 구워준다.

 Cooking Tip

· 너무 센 불에 구우면 양념이 타므로 주의한다.
· 말랑말랑한 가래떡을 넣고 김밥 말듯이 말아 고루 구워도 맛있다.

낙지호롱

『**자산어보(玆山魚譜)**』에 "**낙지는** 빛깔이 하얗고 맛은 감미로우며, 회나 국 및 포에 좋다. 이를 먹으면 사람의 원기를 돋운다. 말라 빠진 소에게 낙지 서너 마리를 먹이면 곧 강한 힘을 갖게 된다"라 하였다.

재료 및 분량

- 낙지 2마리
- 밀가루 3큰술
- 소금
- 볏짚
- 식용유 ½큰술

낙지양념
- 청주 1큰술
- 생강즙 ½큰술
- 후춧가루 ⅛작은술

구이양념장
- 간장 1½큰술
- 설탕 2큰술
- 청주 1큰술
- 다진 마늘 1큰술
- 생강즙 ½큰술
- 참기름 1큰술

만드는 법

1 낙지는 머리를 뒤집어서 내장과 눈을 떼어내고, 밀가루와 소금을 넣고 주물러 깨끗이 씻은 뒤 양념을 넣고 주물러서 재운다.

2 볏짚은 깨끗이 씻어 물기를 닦고 길이 25cm, 직경 3cm 정도의 둥근 막대기 모양으로 만든다.

3 양념장을 만든다.

4 낙지에 구이양념장의 ⅓분량을 넣고 주물러 양념이 배어들면, 볏짚 끝에 낙지 머리를 씌우고 다리 부분은 돌돌 만다.

5 찜기에 물이 끓으면, 낙지를 넣고 살짝 찐다.

6 석쇠를 달구어 식용유를 바르고 낙지를 올린 뒤 남은 구이양념장을 고르게 덧바르며 중불에서 윤기나게 굽는다.

Cooking Tip

- 찜통에 살짝 쪄도 좋다. 그러나 오래 익히면 질겨지므로 주의한다.

가지양념구이

가지에는 단백질, 탄수화물, 칼슘, 인, 비타민 A, C 등이 함유되어 있으며, 가지 색소에는 지방질을 잘 흡수하고 혈관 안의 노폐물을 용해 배설시키는 성질이 있어 피를 맑게 한다. 가지는 식품 중 가장 강력한 암 억제효과가 있으며 가열하면 암 억제율이 80% 이상으로 높아진다.

재료 및 분량

· 가지 2개

양념장
· 간장 2큰술 · 고춧가루 ½큰술 · 다진 파 1큰술
· 다진 마늘 ½큰술 · 깨소금 1큰술 · 들기름 1큰술

만드는 법

1 가지를 중간 굵기로 골라 씻어 반으로 갈라 찜통에 살짝 찐다.

2 찐 가지가 식으면 물기를 짜고 손으로 넓적하게 편다.

3 양념장을 만든다.

4 가지 안쪽에 양념장을 바르고, 팬에 굽는다. 구울 때 양념이 묻지 않은 뒤쪽부터 굽고, 뒤집어서 살짝 굽는다.

5 꺼내서 다시 한 번 양념장을 살짝 바르고, 적당한 크기로 잘라 접시에 담아 낸다.

 Cooking Tip

· 양념장 때문에 금방 타므로 타지 않게 굽는 것이 가장 중요하다.

느타리버섯구이

느타리버섯은 면역력을 길러주고 피의 순환이 잘되게 돕는 식품이다. 느타리버섯은 비타민의 모체인 에르고스테롤을 많이 함유하고 있어 고혈압과 동맥경화 예방 및 치료에 효과가 뛰어나다. 또한 항암치료에도 효과가 있다고 보고된 바 있다.

재료 및 분량

• 느타리버섯 100g

초벌구이소스
• 간장 ¼작은술 • 참기름 1작은술

양념장
• 간장 1작은술 • 고춧가루 ½작은술
• 깨소금 1작은술 • 참기름 1큰술

만드는 법

1 버섯은 물로 씻지 않고, 깨끗한 행주로 닦아 낸다.

2 기름장을 발라 초벌구이한다.

3 양념장을 버섯에 고루 무친 후 노릇하게 구워 낸다.

 Cooking Tip

• 초벌구이한 후 양념장에 묻혀 다시 굽는다.
• 버섯은 중간 크기로 준비해야 구워 놓으면 예쁘고 얌전하다.

더덕돼지불고기

더덕은 콜레스테롤과 지질의 함량을 낮추며 혈관을 확장시켜 혈압을 낮추어주는 식품이다. 더덕을 고를 때는 우선 향이 좋은 것을 찾으면 좋다. 좋은 더덕은 뿌리가 희고 굵으며 전체적으로 몸체가 곧게 뻗은 것이 약효도 있고 맛도 좋다.

재료 및 분량

- 돼지목살 300g
- 더덕 150g
- 콩나물 50g
- 부추 50g
- 대파 ½대
- 청양고추 1개
- 실파 2뿌리
- 청주 2큰술

더덕양념
- 간장 1큰술
- 맛술 1큰술
- 참기름 2큰술

불고기 양념
- 고추장 3큰술
- 고춧가루 1큰술
- 고추기름 1큰술
- 참기름 ½큰술
- 생강즙 ½큰술
- 다진 더덕 2큰술
- 설탕 1큰술
- 간장 2큰술
- 후춧가루 ⅛작은술

만드는 법

1 더덕은 얄팍하게 어슷썰어 밑간에 재워 팬에서 구워준다.

2 목살은 한입 크기로 잘라 끓는 물에 청주 2큰술을 넣고 데쳐서 찬물에 헹궈 물기를 뺀다.

3 구운 더덕과 데친 고기를 분량의 양념장에 재운다.

4 프라이팬에 채소를 콩나물–청양고추–부추–대파 순으로 볶는다.

5 재운 고기는 팬에 굽는다.

6 완성접시에 볶은 채소와 고기를 담고 실파와 통깨를 뿌려 완성한다.

 Cooking Tip

- 고추장양념에 재운 고기와 더덕은 느끼하지도 않고 고기의 누린내도 나지 않으며 매콤해서 맛이 있다.

오리불고기

오리불고기는 양념한 고기를 숙성시켜 구운 것을 말한다. 오리는 필수지방산인 칼슘, 인, 철, 칼륨 등 양질의 단백질 공급원으로 몸의 산성화를 막아주는 스태미나 식품으로 성장기 어린이, 임산부 등에게도 좋은 음식이다.

재료 및 분량

- 오리 500g
- 청주 1큰술
- 생강즙 1작은술

부재료

- 양파 ¼개
- 황금송이버섯 20g
- 느타리버섯 20g
- 쑥갓 2줄기
- 미나리 2줄기
- 깻잎 5장

양념장

- 간장 ½큰술
- 설탕 ½큰술
- 다진 파 1큰술
- 다진 마늘 1작은술
- 후춧가루
- 깨소금 1작은술
- 참기름 1작은술

만드는 법

1 오리는 찬물에 3~4번 정도 깨끗이 씻어 청주와 생강즙에 15분 정도 재워둔다.

2 양파는 채썰고 버섯은 씻어서 손으로 찢고 미나리, 깻잎은 3cm로 썰어준다.

3 양념장에 오리와 양파, 황금송이버섯, 느타리버섯을 넣고 재워둔다.

4 재워둔 오리를 팬에 넣고 볶다가 깻잎, 미나리, 쑥갓을 넣어 살짝 볶아 낸다.

 Cooking Tip

- 청주나 소주에 오리를 재워두면 오리의 비린내를 제거할 수 있다.
- 오리의 지방은 쇠고기와 돼지고기에 비해 불포화지방산의 함량이 많으며 육류 중 유일한 알칼리성 식품이다.

오징어전

오징어에는 타우린이 풍부하게 들어 있어 고혈압, 당뇨병 예방, 시력감퇴, 여성의 갱년기장애 등에도 효과가 뛰어나다.

재료 및 분량

• 오징어 1마리

부재료
• 다진 쇠고기 100g
• 두부 50g
• 청고추 1개
• 홍고추 ½개

양념장
• 소금 1작은술
• 설탕 ½작은술
• 다진 파 1큰술
• 다진 마늘 ½큰술
• 참기름
• 후춧가루

초간장
• 간장 1큰술
• 식초 1큰술
• 물 1큰술
• 잣가루 1작은술

만드는 법

1 오징어는 껍질을 벗겨내고 칼집을 사선으로 넣어 끓는 물에 살짝 데쳐 물기를 제거한다.

2 청·홍고추는 곱게 다진다.

3 다진 쇠고기의 물기를 제거하여 으깬 두부와 함께 양념장을 넣고 반죽하여 잘 버무린 후 오징어 속에 넣는다.

4 속 넣은 오징어를 폭 1cm로 자른 후 밀가루, 달걀을 묻혀 팬에 식용유를 두르고 지진다.

5 초간장을 곁들인다.

 Cooking Tip

• 오징어는 칼집을 일정하게 넣어야 예쁘고, 통으로 데쳐서 사용해야 모양이 일정하다.
• 몸통이 유백색으로 투명하고 윤기가 나는 것, 살이 탄력 있는 것이 신선하다.

깻잎전

깻잎에는 철분이 시금치의 2배 이상 함유되어 있고, 칼슘 등의 무기질과 비타민 A, 비타민 C도
풍부하게 들어 있어 영양가가 높다.

재료 및 분량

- 깻잎 15장
- 다진 쇠고기(우둔) 150g
- 두부 50g
- 밀가루 3큰술
- 달걀 2개
- 식용유

소 양념장
- 소금 ½작은술
- 설탕 ¼작은술
- 다진 파 ½큰술
- 다진 마늘 1작은술
- 깨소금 ½작은술
- 후춧가루 ⅛작은술
- 참기름 1작은술

초간장
- 간장 1큰술
- 식초 1큰술
- 물 1큰술

만드는 법

1 깻잎은 깨끗이 씻어 물기를 닦는다.

2 두부는 면포에 물기를 짜서 곱게 으깬 후, 다진 쇠고기와 두부에
양념장을 넣고 주물러 깻잎전 소를 만든다.

3 깻잎의 안쪽 면에 밀가루를 묻히고 깻잎전 소를 넣어 반을 접는다.

4 깻잎의 겉면에 밀가루를 입히고 달걀물을 씌운다.

5 팬을 달구어 식용유를 두르고 소 채운 깻잎을 놓고 중불에서 지
진다.

6 초간장과 함께 낸다.

Cooking Tip

- 깻잎전을 부칠 때 센 불에서 익히면 속이 인 익기나 색깔이 좋지 않다.
- 깻잎의 앞면이 겉으로 나오게 소를 넣고 지지면 색이 더 파래진다.

양파전

양파전은 양파를 둥글게 썰어 소금에 살짝 절인 뒤 양념한 쇠고기를 채워 밀가루와 달걀을 씌워 전으로 부친 것이다. 우리나라에서는 조선 말기에 전래되어 널리 이용되고 있으며, 육류와 함께 먹으면 콜레스테롤을 분해시켜 성인병 예방에 좋다.

재료 및 분량

- 양파(小) 3개 • 쇠고기(우둔) 100g • 두부 ¼모
- 당근 50g • 표고버섯 2장 • 쪽파 3뿌리

부재료
- 밀가루 50g • 달걀 2개

밑양념
- 밀가루 2큰술 • 달걀물 1큰술 • 소금 1작은술
- 흰 후춧가루 ¼작은술

만드는 법

1 양파는 알이 작은 것을 선택하여 0.5cm 두께로 동그랗고 얇게 썰어 소금을 약간 뿌리고 떼어낸 다른 양파는 다져서 살짝 볶아준다.

2 쇠고기, 당근, 표고버섯, 쪽파는 곱게 다져서 ①의 볶은 양파와 두부를 넣고 밑양념을 하여 부드럽게 섞어준다.

3 소금을 뿌려둔 양파는 물기를 닦아내고 밀가루를 앞뒤로 입힌 후 ②의 속재료를 가운데 채운 후 밀가루, 달걀을 입혀 지져 낸다.

 Cooking Tip

- 부치는 즉시 채반에 겹치지 않게 펼쳐 놓아야 속이 떨어지지 않는다.
- 양파가 많이 나오는 계절에 만들어 먹어야 양파의 단맛을 제대로 느낄 수 있다.

부추장떡

부추는 '구채(韭菜)'라고 하는데, 양기를 북돋워주므로 '기양초(起陽草)'라고도 한다. 다른 채소와 달리 칼슘, 철분, 칼륨, 아연 등의 건강유지에 도움을 주는 무기질이 많이 함유되어 있으며, 비타민 A, C도 풍부하다.

재료 및 분량

- 밀가루 100g • 찹쌀가루 2큰술 • 고추장 1큰술
- 된장 1작은술

부재료
- 부추 50g • 풋고추 1개 • 깻잎 3장
- 다진 마늘 1작은술 • 물 100㎖ • 청양고추 1개

만드는 법

1 부추는 손질하여 깨끗이 씻은 후 2cm 길이로 자르고 풋고추, 청양고추는 씨를 빼고 곱게 채썰어 둔다. 깻잎은 씻어 반으로 갈라 채썬다.

2 고추장과 된장에 물을 넣고 잘 개어준다.

3 밀가루와 찹쌀가루는 체에 한 번 내려준다.

4 밀가루에 고추장과 된장 푼 물을 넣고 멍울이 없게 반죽한다.

5 반죽에 준비한 채소를 넣고 섞어준다.

6 기름을 넉넉히 두르고 한 수저씩 떠 넣으며 지진다.

 Cooking Tip

- 장떡이 익으면 채반에 얼기설기 놓아 김이 빠지도록 해야 한다. 김을 빼지 않으면 달라붙어 먹기에 불편하다.
- 장떡은 쫀득쫀득해야 맛있는데, 차갑게 식히면 더욱 맛이 차지다.
- 미리 반죽해서 냉장고에 30분 정도 넣었다 기름에 지지면 끈기가 잘 난다.
- 장떡은 찹쌀가루나 밀가루에 간장 또는 된장, 고추장 등을 섞어 반죽해서 반대기를 지어 기름 두른 팬에 지져낸 음식이다.

녹두빈대떡

예부터 녹두는 백 가지의 독을 풀어주는 명약으로 알려져 있다. 녹두는 간을 보호하고 위를 튼튼히 하며 눈을 맑게 해주고 살을 찌지 않게 하며, 피부의 탄력을 도모하고 마음을 안정시켜 주는 작용을 한다. 특히 피로할 때나 입술이 마르고 입안이나 혀가 헐었을 때 녹두를 섭취하면 효과가 있다.

재료 및 분량

- 거피녹두 300g • 찹쌀가루 2큰술 • 다진 돈목살 200g
- 익은 배추김치 200g • 고사리 100g • 숙주 100g
- 대파 1대 • 홍고추 2개

돈목살양념

- 간장 1큰술 • 다진 마늘 ½큰술 • 다진 파 1큰술
- 생강즙 1작은술 • 참기름 1작은술 • 깨소금 1작은술
- 후춧가루

숙주·고사리 양념

- 소금 2작은술 • 다진 마늘 ½작은술
- 다진 파 1작은술 • 참기름 1작은술

만드는 법

1. 거피한 녹두는 6시간 정도 물에 불린다.
2. 돈목살은 양념하여 재워둔다.
3. 배추김치는 속을 털어낸 후 송송 썰어 물기를 꽉 짠다.
4. 숙주는 데친 후 송송 썰어 물기를 제거하고, 고사리도 잘게 썰어 물기를 제거한 후 양념한다.
5. 대파와 홍고추를 어슷썰어 준비한다.
6. 불린 녹두는 블렌더에 갈아 양념한 돼지고기, 숙주, 고사리, 배추김치를 넣고 찹쌀가루를 넣어 농도를 맞춘다.
7. 달군 팬에 기름을 두르고 한 국자씩 떠놓고 노릇하게 지진다.

Cooking Tip

- 양념한 재료들은 부치기 직전에 섞어야 녹두가 삭는 것을 막을 수 있다.
- 녹두는 조금 굵게 갈아야 씹히는 맛이 있어 좋다.
- 옛날에는 가난한 사람을 위한 음식이라 하여 빈자떡이라 불렀으나, 요즘에는 귀한 손님을 대접하는 음식이라 하여 빈대떡이라 한다.

새우전

새우는 몸에 해로운 독을 풀어주는 작용을 한다. 기토산을 가장 많이 함유하고 있는 새우는 저칼로리 고단백식품으로 양질의 단백질과 칼슘, 무기질, 비타민 B 복합체 등이 풍부하다. 새우의 단백질에는 필수아미노산이 많은데, 글리신이라는 아미노산과 베타인이 함유되어 있어 새우 고유의 풍미를 낸다. 또한 칼슘 함유량이 멸치보다 많아 골다공증이나 골연화증을 예방해 준다.

재료 및 분량

· 새우(中) 10마리 · 달걀 2개

부재료

· 소금 ⅓작은술 · 흰 후춧가루 ⅙작은술
· 밀가루 3큰술 · 식용유 3큰술

만드는 법

1 새우머리만 제거하고 꼬리 끝마디에서 칼집을 넣어 반으로 가른다.

2 흰 후춧가루, 소금을 뿌려 물기를 제거한 후 밀가루와 달걀물을 입혀 지진다.

3 쑥갓을 위에 얹거나 청·홍고추로 장식하기도 한다.

 Cooking Tip

· 새우가 작을 경우 새우를 다져서 빚은 후 밀가루, 달걀물을 입혀서 지진다.
· 지져냈을 때 색이 예뻐 다른 전과 함께 담으면 더욱 좋다.
· 새우의 껍질을 벗겨 밀가루와 달걀물을 입혀 지진 음식으로 새우는 수염이 길어 '바다의 어른'이라고도 한다.

콩부침

간 콩과 멥쌀을 합쳐 반죽하고, 이것을 한 숟가락 놓고 고기와 채소를 보기 좋게 얹어 노릇하게 지져낸 것이다. 콩의 지방은 대부분 불포화지방산인 리놀레산으로 혈중 콜레스테롤의 축적을 방지하는 효과가 있다.

재료 및 분량

• 흰콩 100g • 멥쌀 100g • 물 ¾ 컵 • 소금 ½작은술

부재료
• 다진 돼지고기 80g, 간장 1작은술, 다진 마늘 ¼작은술
• 후춧가루 • 익은 배추김치 50g • 고사리 20g

만드는 법

1 흰콩은 하룻밤 물에 불린 뒤 문질러 씻어 껍질이 벗겨지면 따라 내기를 반복해 준비하고, 멥쌀도 불린 후 흰콩과 같이 블렌더에 곱게 간다.

2 다진 돼지고기는 양념해 둔다.

3 배추김치는 씻어서 물기를 꼭 짜고 고사리도 썰어 다진 후 참기름으로 조물조물 무친다.

4 볼에 준비한 채소를 담고 ①의 콩물을 섞어 한 숟가락씩 지져 낸다.

 Cooking Tip

• 돼지고기는 양념해서 이용한다. • 기름을 너무 많이 사용하지 않도록 한다.
• 소금간은 한꺼번에 하면 삭는다.
• 콩은 곱게 갈아 지지면 씹는 맛이 덜하므로 거칠게 갈아 사용한다.

연근전

연근은 열을 내리고 출혈을 막아주며 방광염에도 아주 좋은 식품이다. 연근을 자르면 가는 실과 같은 것이 엉겨서 끈끈한 것을 볼 수 있다. 이것은 뮤신(mucin)이란 물질이다. 뮤신은 당질과 결합된 복합단백질로서 세포의 주성분인 단백질의 소화를 촉진하며 강장작용, 위벽 보호작용, 해독작용을 한다.

재료 및 분량

- 연근 1개(250g) • 달걀 2개

부재료
- 소금 2작은술 • 밀가루 ½컵 • 간장 1작은술
- 참기름 1큰술 • 물

초간장
- 진간장 1큰술 • 식초 1큰술 • 물 1큰술

만드는 법

1 지름 5cm 정도인 연근을 골라 깨끗하게 씻은 뒤 껍질을 벗긴다.

2 연근을 0.3cm 두께로 썰어 냄비에 식초와 소금을 넣고 5분간 삶은 후 건진다.

3 밀가루에 간장, 참기름, 물을 붓고 고루 섞은 후 체에 걸러 놓는다.

4 데친 연근은 마른 수건으로 물기를 닦은 뒤 밀가루 반죽에 담갔다가 팬에 노릇하게 지진다.

5 초간장과 함께 곁들여 낸다.

 Cooking Tip

- 변화를 주기 위해 비트를 강판에 갈아 물을 들여 지지기도 한다.
- 연근을 얇게 썰어 데친 뒤 밀가루즙을 입혀서 만든 전이다.

도라지전

도라지의 약리성분은 트리테르페노이드계 사포닌으로 밝혀졌으며, 기관지분비를 항진시켜 가래를 삭히는 효능이 있다. 또한 면역력을 강화시켜 주는 효능으로 사포닌, 비타민 C, 철, 인 등이 함유되어 있다.

재료 및 분량

· 통도라지 100g

부재료

· 밀가루 4큰술 · 달걀(흰자) 2개 · 소금 · 물 · 식용유

만드는 법

1 통도라지는 껍질을 벗겨 반으로 나눈 뒤 방망이로 두드려 납작하게 편 다음 찬물에 담가 쓴맛을 우려낸다.

2 밀가루에 달걀, 소금, 물을 넣고 걸쭉한 농도로 반죽한 다음 도라지 앞뒷면에 고루 묻혀 팬에 노릇하게 지진다.

 Cooking Tip

· 도라지는 부드럽게 자근자근 두드린 다음 전을 부쳐야 부들부들하다.
· 쓴맛은 우려내도록 한다.

두릅전

연한 두릅순을 끓는 물에 살짝 데쳐 다진 쇠고기를 얇게 펴서 붙인 후 기름에 지진 것으로 두릅의 독특한 향과 고기 맛이 잘 어울리는 음식이다. 두릅은 이른 봄 두릅나무의 새순을 채취한 것으로 맛과 향, 영양이 풍부하여 '산채의 왕'이라고도 한다.

재료 및 분량

· 두릅 200g

부재료

· 밀가루 1컵 · 소금 · 식용유

초간장 양념장

· 간장 2큰술 · 고춧가루 ½작은술 · 식초 2큰술
· 설탕 1큰술 · 깨소금

만드는 법

1 밀가루를 소금으로 간하여 묽고 곱게 개어 밀가루옷을 만든다.

2 두릅이 큰 것은 4등분, 작은 것은 2등분하여 길이로 갈라 끓는 소금물에 살짝 데친다.

3 팬에 두릅을 가지런히 놓고 반죽을 위에서부터 골고루 덮어 노릇하게 부친다.

4 간장에 고춧가루와 깨소금, 설탕을 넣고 식초를 넣어 초간장을 곁들여 낸다.

Cooking Tip

· 밀가루를 얇게 덮어 부치면 두릅의 파란 모양을 그대로 볼 수 있어 식욕을 돋운다.
· 살짝 데친 두릅은 찬물에 바로 담가야 색이 오랫동안 변하지 않는다.

해물파전

해물파전은 새우나 오징어와 같은 해물을 반죽에 넣어 만든 음식이다. 동래파전은 길쭉한 쪽파를 많이 사용하고, 밀가루 반죽은 파와 해물이 엉길 수 있는 만큼만 소량으로 쓴다.

재료 및 분량

- 오징어 ½마리
- 홍합살 100g
- 조갯살 50g
- 굴 50g

부재료
- 쪽파 200g
- 청고추 1개
- 홍고추 1개
- 달걀 1개
- 식용유 ½컵

반죽
- 밀가루 3컵
- 멥쌀가루 100g
- 소금

초간장
- 간장 1큰술
- 식초 1큰술
- 물 1큰술

만드는 법

1 오징어는 껍질을 벗겨내고 물기를 빼고 폭 1cm 정도로 썬다.

2 해물은 소금물에 살살 흔들어 씻어, 체에 밭쳐 물기를 빼고 폭 1cm 정도로 썬다.

3 쪽파는 손질하여 깨끗이 씻어 길이 10cm 정도로 썬다. 청·홍고추는 길이로 어슷썬다.

4 밀가루에 멥쌀가루, 소금, 물을 붓고 고루 섞어 반죽을 만들고 달걀은 풀어 놓는다.

5 팬에 식용유를 두르고 중불에서 반죽을 놓고 둥글게 만든 후 그 위에 쪽파를 펴서 놓고, 준비한 해물과 청·홍고추를 얹은 후 반죽을 더 떠서 골고루 편 다음, 풀어놓은 달걀물을 끼얹는다.

6 중불에서 지져 밑면이 익으면, 뒤집어 뚜껑을 덮고 더 지진다.

7 초간장과 함께 낸다.

Cooking Tip

- 밀가루에 파와 각종 해물을 넣고 반죽하여 지지기도 한다.
- 밀가루 대신 부침가루로만 반죽을 하기도 한다.

마두부전

마는 인슐린 분비를 촉진시켜 당뇨병을 예방하고 치료하는 데 큰 도움을 준다. 또한 소화불량, 신경통, 요통, 건망증, 시력장애, 소갈, 만성신장염, 혈압 정상화, 염증 제거, 콜레스테롤 제거, 지혈, 동상과 피부미용에도 탁월한 효과가 있어 대단히 유용한 생약이다.

재료 및 분량

• 마 100g • 두부 50g • 녹말가루 1큰술 • 밀가루 2큰술

부재료

• 다진 파 1큰술 • 다진 마늘 ½작은술 • 물 1큰술
• 달걀 1개 • 홍고추 ½개 • 검은깨 • 통깨 1작은술
• 소금 ¼작은술

만드는 법

1 마는 껍질을 씻지 않고 벗긴 후 씻어 강판에 곱게 갈아 놓는다.

2 두부는 으깨어 물기를 짜둔다.

3 갈아놓은 마와 두부를 섞고 녹말가루, 다진 마늘, 다진 파, 밀가루, 달걀을 넣어 반죽한다.

4 검은깨와 통깨를 넣고 소금으로 간한 다음 팬을 달구어 기름을 두르고 한 수저씩 떠서 전을 부친다.

5 홍고추를 썰어 고명으로 올린다.

 Cooking Tip

• 마를 만졌을 때 가려운 사람은 손에 식용유를 미리 바르거나 이미 가려워진 상태라면 식초물에 담근다.
• 마의 끈적거리는 성분은 뮤신이라고 한다. 대장균, 식이섬유, 당뇨, 피부, 남성 스태미나에 좋다.

단호박해물채소전

단호박은 맛과 영양이 뛰어난 고급 채소로 탄수화물, 섬유질, 각종 비타민과 미네랄이 풍부하여 성장기 어린이와 허약체질에 좋은 영양식이며 주요 영양소는 비장의 기능을 돕고 식욕을 증진시킨다.

재료 및 분량

· 단호박 300g · 물 1¾컵

부재료

· 물오징어 1마리 · 표고버섯 30g · 당근 50g
· 애호박 50g · 실파 30g · 감자 50g · 피망 50g
· 양파 50g · 부침가루 2컵

만드는 법

1 단호박은 껍질을 벗겨 마구썰기하여 찜통에
　 쪄서 믹서에 물 1¾컵을 넣고 곱게 간다.

2 물오징어는 손질하여 끓는 물에 데친다.

3 표고버섯, 당근, 애호박, 실파, 감자, 피망,
　 양파는 곱게 다진다.

4 준비한 재료에 곱게 간 단호박, 부침가루를
　 넣고 반죽한다.

5 고명을 얹어가며 예쁘게 부친다.

 Cooking Tip

· 단호박을 쪄서 믹서에 갈면 단호박 특유의 비릿한 맛을 감소시킬 수 있다.
· 늙은 호박을 사용해도 된다.

파산적

파는 무병장수의 상징으로 독특한 냄새와 맛이 있어 음식의 맛을 더하는 데 좋으며, 특히 성인병 예방에 효과가 좋은 것으로 알려져 있다.

재료 및 분량

• 중파 3대 • 쇠고기(우둔) 200g • 느타리버섯 100g
• 산적용 꼬치

쇠고기양념
• 간장 1큰술 • 설탕 ½큰술 • 다진 파 1큰술
• 다진 마늘 ½큰술 • 참기름 ½큰술 • 깨소금 1작은술
• 후춧가루

만드는 법

1 중파는 7cm 길이로 잘라 팬에 기름을 두르고 굽는다.

2 쇠고기는 두툼하게 8cm 길이로 잘라서 칼집을 넣고 고기양념을 하여 굽는다.

3 느타리버섯은 끓는 물에 살짝 데친 후 물기를 제거하고 소금과 참기름으로 양념한다.

4 꼬치에 쇠고기, 느타리버섯, 중파를 끼워 완성한다.

 Cooking Tip

• 파는 약간의 색이 나도록 구워야 단맛이 더욱 좋으며, 석쇠를 이용해도 좋다.
• 대파의 경우 반으로 잘라서 사용해야 한다.

맥적

고구려의 대표적인 음식으로 양념을 한 고기구이다. 3세기 중국 진나라 때의『수시기(搜神記)』
에는 맥적을 만들 때 "장과 마늘로 조리하여 불에 직접 굽는다"고 기록되어 있다.

재료 및 분량

· 돼지목살 200g · 달래 50g · 부추 50g · 마늘 2알

양념장

· 된장 2큰술 · 물 2큰술 · 국간장 ½큰술 · 간장 1큰술
· 청주 3큰술 · 조청 3큰술 · 설탕 2큰술
· 참기름 2큰술 · 깨소금 2큰술

만드는 법

1 돼지목살은 0.5cm 두께로 썰어 칼등으로
자근자근 두들긴다.

2 부추, 달래는 송송 썰고 마늘은 굵게 다진
다.

3 양념장을 만들어 부추, 달래, 마늘을 넣고
섞는다.

4 준비한 고기를 양념장에 10분 정도 재운다.

5 석쇠에 타지 않도록 굽는다.

 Cooking Tip

· 프라이팬에 구워도 괜찮다.
· 마늘은 즉석에서 다져야 향이 살아 있어 누린내를 없앨 수 있다.

장산적

쇠고기를 다져 갖은 양념을 하여 구운 다음 간장에 조린 음식이다. 반상에 적당하고 도시락 반찬에도 좋으며 저장할 수 있는 음식이다. 쇠고기는 구토와 설사를 멈추게 하고 근골과 허리, 다리를 강하게 해준다.

재료 및 분량

• 쇠고기(우둔) 200 • 두부 70g

부재료

• 잣가루 2작은술

고기양념장

• 간장 1큰술 • 설탕 ⅓큰술 • 다진 파 2큰술
• 다진 마늘 1큰술 • 깨소금 1작은술 • 참기름 • 후춧가루

조림간장

• 간장 3큰술 • 육수(물) 4큰술 • 설탕 1큰술
• 참기름 1작은술

만드는 법

1 쇠고기는 힘줄을 제거한 뒤 곱게 다지고, 두부는 물기를 제거하여 칼등으로 다진다.

2 양념한 고기와 두부를 2등분하여 은박지에 식용유를 바르고 두께 1cm로 네모지고 반듯하게 만들어 위를 평평하게 하여 칼등으로 자근자근 두들긴다.

3 석쇠 위에 얹어 굽는다. 한 면이 익으면 뒷면을 익힌다.

4 완전히 구워지면 사방 3cm 크기로 썰어 조림간장에 넣어 조린다.

5 국물이 자작해질 때까지 조려 그릇에 담고 잣가루를 뿌린다.

 Cooking Tip

• 불이 너무 세면 겉면만 새까맣고 속은 잘 스며들지 않으므로 약불에서 조림장을 끼얹어가며 조린다.

행적

잘 익은 배추김치와 쇠고기나 돼지고기를 함께 끼워 김치가 알맞게 익은 정초에 북쪽 지방에서 많이 해 먹은 음식으로 밥반찬이나 술안주로 좋다.

재료 및 분량

• 돈안심 300g • 익은 배추김치 500g

부재료

• 밀가루 1컵 • 달걀 4개 • 식용유 • 산적꼬치 10개

양념장

돈안심 양념 • 간장 1큰술 • 설탕 1작은술
• 다진 마늘 1작은술 • 다진 파 2작은술
• 후춧가루 ⅛작은술

만드는 법

1 익은 배추김치는 물기를 꼭 짜내고 속을 털어 15cm 길이로 자른다.

2 돈안심은 길이 15cm, 넓이 1cm, 두께 0.8cm가 되도록 손질한다.

3 돈안심은 양념하여 간이 배도록 재워둔다.

4 산적꼬치에 김치-돼지고기 순으로 반복하여 꽂아준다.

5 준비한 꼬치에 밀가루-달걀물을 바른 후 네모지게 다독이며 노릇하게 부친다.

6 꼬치를 빼고 초간장을 곁들여 낸다.

 Cooking Tip

• 실파나 미나리 등을 함께 꿰어도 좋다.

사슬적

흰살 생선을 막대 모양으로 썰어 다진 쇠고기를 붙여서 굽는 산적, 사슬 모양으로 재료를 꿰었다고 해서 붙여진 이름이다.

재료 및 분량

- 민어 1마리
- 소금 · 후춧가루
- 쇠고기(우둔) 200g
- 식용유 2큰술
- 꼬치 8개
- 잣가루 1큰술

쇠고기양념장
- 간장 2작은술
- 설탕 1작은술
- 다진 파 ⅓큰술
- 다진 마늘 1작은술
- 깨소금 ½작은술
- 후춧가루 ⅛작은술
- 참기름 1작은술

초간장
- 간장 1큰술
- 식초 1큰술
- 물 1큰술

만드는 법

1 민어는 비늘을 긁고 깨끗이 씻은 후 양쪽으로 포를 떠서, 껍질을 벗기고 길이 8cm, 폭 1.2cm, 두께 0.8cm 정도로 잘라 잔칼질을 한 후, 소금과 흰 후춧가루로 밑간을 한다.

2 쇠고기는 길이 9cm, 폭 1.5cm, 두께 0.5cm 정도로 잘라 잔칼질을 하여 양념장을 넣고 양념한다.

3 꼬치에 민어살과 쇠고기를 번갈아 꿰어 놓는다.

4 팬에 식용유를 두르고 사슬적을 놓은 후 앞뒤로 지진다.

5 그릇에 담고 잣가루를 뿌린 후 초간장과 함께 낸다.

 Cooking Tip

- 촘촘히 끼운 생선 뒷면에 양념한 다진 쇠고기를 붙여 지지기도 한다.
- 도미나 대구 등 흰살 생선을 사용한다.

호두강정

호두엔 콜레스테롤과 혈압수치를 낮추는 물질인 알파-리놀레산(alpha-linolenic acid)과 항산화물질, 비타민 E, L아르기닌(L-arginine)까지 함유되어 있다. 즉 콜레스테롤 수치가 높은 사람들이 매일 호두를 먹으면 건강에 큰 도움이 된다는 것이다.

재료 및 분량
• 호두 3컵 • 식용유 2컵

시럽
• 설탕 5큰술 • 물 5큰술

만드는 법

1 냄비에 물 6컵을 넣고 끓이다가 물이 끓어 오르면 소금 1작은술을 넣고 센 불에서 호 두를 40~50초 정도 데친다.

2 데친 호두는 체에 밭쳐 물기를 뺀다.

3 팬에 시럽 재료를 넣고 중불에서 설탕이 녹을 때까지 젓지 않고 끓인다.

4 조린 시럽에 데친 호두를 넣고 타지 않도록 중불에서 1분간 조린다.

5 조린 호두를 체에 밭쳐 설탕시럽을 거른 후 150℃ 정도의 기름에 1분간 튀긴다.

6 호두가 갈색이 되면 건져 기름을 제거한 후 식혀 보관용기에 담아 2주 정도 보관해도 된다.

 Cooking Tip

• 설탕시럽을 끓일 때 저으면 공기가 들어가 결정이 생기므로 절대 젓지 말고 그대로 끓여야 한다.
• 호두는 각종 음식에 거의 대부분 어울린다. 샐러드, 디저트, 고명 등에 호두를 부숴 넣으면 맛도 좋고 건강에도 좋다.

마강정

마는 다년생 덩굴식물로 한자로 서여(薯蕷)라고 하며 마의 껍질을 벗겨 말린 것을 산약(山藥)이라고 한다.

재료 및 분량

· 장마 1개 · 녹말가루 5큰술 · 식용유 · 소금

강정소스

· 물엿 2큰술 · 설탕 1큰술 · 검은깨 1큰술

만드는 법

1 장마는 껍질을 벗겨 한입 크기로 썬 뒤 소금을 뿌려 밑간을 한다.

2 장마에 녹말가루를 묻혀 튀김 팬에 튀긴다.

3 팬에 물엿, 설탕을 녹인 후 튀긴 마와 검은깨를 넣어 버무려 완성한다.

 Cooking Tip

· 너무 많이 조리하면 끈적끈적한 뮤신(mucin)이 적어진다.
· 작게 튀겨서 샐러드에 곁들여도 좋다.

더덕강정

인삼과 비슷하게 생겨 '사삼(沙蔘)'이라 하고 한방에서 폐기능을 향상시키는 '기관지의 보약'
이라 하여 널리 이용되었다.

재료 및 분량

· 깐 더덕(가는 것) 500g · 달걀 2개 · 녹말가루 3큰술
· 소금 ½큰술 · 젖은 찹쌀가루 1kg · 식용유 · 꿀

만드는 법

1 더덕은 가는 것으로 선택하여 껍질을 깐다.

2 달걀흰자와 소금을 먼저 섞은 후 녹말가루
를 함께 넣어 다시 섞어주고 더덕을 넣어 살
살 섞는다.

3 더덕에 물을 섞은 찹쌀가루를 넣고 흔든
후, 자주 흔들어주면서 전체적으로 골고루
듬뿍 묻히게 한 다음 냉장고에서 1시간 정
도 숙성시킨다.

4 식용유를 넣은 튀김 팬에 숙성된 더덕을 노
릇하게 튀겨낸다. 찹쌀이라 서로 달라붙으
므로 시간을 두었다가 조금 딱딱해지면 나
무젓가락으로 떼어낸다.

5 미리 한번 튀겼다가 나갈 때 한번 더 튀겨주
면 바삭하다.

6 꿀을 곁들인다.

 Cooking Tip

· 더덕은 소금물에 담그지 말고 깐 것 그대로 사용하는 것이 좋다.
· 찹쌀가루 묻힌 더덕은 날가루가 보이지 않게 묻힌 후, 12시간 정도 냉장고에서 숙성시켜야 맛을 살리는 데 좋다.
· 찹쌀가루 묻힌 음식은 많은 양을 튀길 경우 서로 달라붙으므로 떼어주어야 한다.
· 튀길 때 더덕이 익을 때쯤 튀김 젓가락으로 떨어뜨려야 기름에 찹쌀가루가 많이 떨어지지 않는다.
· 더덕은 튀김용으로 크기가 작고 일정하며 곧게 자란 것이 좋다.

닭강정

단백질이 많아 두뇌활동을 촉진한다. 닭고기는 타 육류에 비해 단백질 함량이 높아 두뇌성장을 돕고 몸을 유지하는 데 있어 뼈대의 역할, 세포조직의 생성, 각종 질병을 예방하여 준다. 필수아미노산이 풍부한 닭고기는 뇌신경 전달물질의 활동을 촉진시키며 스트레스를 이겨내도록 도와준다.

재료 및 분량

- 닭(안심) 200g • 소금 ½작은술 • 후춧가루
- 다진 땅콩 2큰술

튀김옷
- 카레가루 1작은술 • 녹말가루 3큰술 • 밀가루 2큰술
- 찬물 3큰술

양념장
- 고추장 ½큰술 • 간장 ½큰 • 다진 양파 1큰술
- 물엿 1½큰술 • 다진 생강 1작은술 • 다진 마늘 2큰술
- 토마토케첩 2큰술 • 설탕 1큰술 • 레몬즙 ½작은술
- 청주 1작은술

만드는 법

1 닭고기는 살만 사용하여 한입 크기로 썬 뒤 밑간하여 준비한다.

2 밑간한 닭고기에 튀김옷 재료를 묻혀 두 번 바삭하게 튀겨낸다.

3 분량의 양념장은 바글바글 끓여 튀겨 놓은 닭고기를 넣고 버무린다.

4 땅콩의 껍질을 벗겨 굵직하게 다져 강정 위에 뿌려 완성한다.

 Cooking Tip

- 닭고기를 기름에 튀겨서 양념장에 조린 강정요리이다. 닭고기는 쇠고기 다음으로 단백질 함유량이 높아 성장기 어린이의 영양식으로 좋은 식품이다.

韓食美學

korean - style food

김치

통배추김치 • 나박김치 • 보쌈김치 • 장김치
파김치 • 열무물김치 • 청경채겉절이 • 깻잎양배추김치
돌산갓김치 • 깍두기 • 알타리김치 • 오이소박이

통배추김치

절인 배추에 무와 채소, 젓갈, 고춧가루 등 갖은 양념을 넣고 버무려 발효시킨 김치이다.

재료 및 분량

- 배추 2.6kg
- 물 20컵
- 소금 4컵

부재료

- 무 600g
- 다진 마늘 3큰술
- 다진 생강 1작은술
- 새우젓 ½컵
- 찹쌀풀 1컵
- 미나리 100g
- 양파 100g
- 실파 80g
- 고춧가루 2컵
- 멸치젓 ½컵
- 설탕 3큰술
- 꽃소금

만드는 법

1 배추는 밑동을 다듬고 4등분하여 소금물에 6~8시간 절인 다음 깨끗이 씻어 물기를 뺀다.

2 찹쌀가루에 적량의 무를 넣고 풀을 쑤어 식힌다.

3 무는 5×0.2×0.2cm 크기로 채썬다.

4 실파, 미나리는 손질하여 4cm 길이로 썬다.

5 마늘, 양파, 생강, 배는 손질하여 믹서에 ½컵의 물을 넣고 곱게 간다.

6 새우젓은 다져서 멸치젓과 함께 고춧가루를 풀어 놓는다.

7 ⑤, ⑥을 고루 섞은 후 ②를 넣어 설탕, 소금으로 간한다.

8 ⑦에 ③을 넣어 고루 버무린 후 ④를 살살 섞어 속재료를 완성한다.

9 ①의 배추 사이사이에 ⑧의 김치속을 넣고 배추 잎으로 싼다.

10 항아리에 꼭꼭 눌러 담는다.

Cooking Tip

- 겨울 김장김치로 담글 때 강원도에서는 배추 사이사이에 생태를, 경상도에서는 갈치를, 전라도에서는 샌조기를 넣기도 한다.

나박김치

즉석에서 담가 먹는 국물김치로 나박나박 썰어 담근 김치라 하여 붙여진 이름으로 대표적인 물김치이다.

재료 및 분량

- 무 100g
- 소금 1작은술
- 배추속대 500g
- 소금 1큰술
- 생수 17컵
- 소금 5큰술

부재료
- 오이 100g
- 대파 50g
- 미나리 40g
- 풋고추 40g
- 배 100g
- 마늘 50g
- 생강 10g
- 양파 200g
- 고운 고춧가루 2½큰술
- 신화당 ⅛작은술
- 찹쌀풀(찹쌀가루 ⅓컵 : 물 1컵)

만드는 법

1 무는 1.5~2cm로 얇게 썰어 1작은술의 소금으로 30분간 절인다.

2 배추도 1.5~2cm 크기로 자르는데, 굵은 속대는 한 번 더 얇게 포 떠서 잘라주고, 잎은 속대보다 조금 크게 자른 후 1큰술의 소금으로 30분간 절인다.

3 깨끗이 씻은 오이, 대파, 풋고추는 어슷썰고 미나리는 2등분해서 양파망에 넣는다.

4 배, 마늘, 생강, 양파를 물 2½컵과 함께 믹서에 곱게 간다.

5 찹쌀가루와 물을 1 : 3으로 준비하여 풀을 쑨 다음 식힌다.

6 절인 무와 배추를 3번 정도 씻어서 물기를 뺀다.

7 절인 배추와 무를 큰 그릇에 넣고 믹서에 간 채소와 고춧가루, 풀에 물을 조금씩 부어가며 고운체에 내린다. (단맛-신화당 첨가)

8 베보자기(오이, 대파, 미나리, 풋고추)에 넣고 실온에서 1일 정도 보관한 후 냉장고에서 3~4일 정도 익힌다.

 Cooking Tip

- 양념된 상태에서 절이지 않은 채소를 넣으면 삭아버리므로 무와 배추는 미리 절여서 섞는다.
- 단맛이 부족하면 신화당을 첨가한다.

보쌈김치

절인 배추에 산해진미의 갖은 재료를 합하여 배추 잎으로 보자기처럼 싸서 익히므로 보김치라고도 한다. 유산균이 풍부하고 비만, 피부미용, 암 예방에 효과가 있어 건강식으로 각광받고 있는 전통 발효음식이다.

재료 및 분량

- 배추 잎 400g
- 소금 70cc
- 물 80cc

부재료

- 배추 300g
- 무 80g
- 미나리 20g
- 쪽파 50g
- 배 50g
- 낙지 50g
- 굴 30g

양념

- 고춧가루 ½컵
- 새우젓 1큰술
- 설탕 1큰술
- 다진 마늘 1작은술
- 다진 생강 ¼작은술
- 통깨 1작은술

고명

- 석이버섯 10g
- 밤 5개
- 대추 4개
- 잣 1큰술
- 실고추 2g

만드는 법

1 배추 잎은 손바닥 크기로 어슷썰어 소금물에 절인다.

2 배추의 줄기와 무는 3×2.5×0.2cm 크기로 사각썰기하여 소금에 30여 분 정도 절인다.

3 미나리, 실파는 손질하여 3cm 길이로 썬다.

4 배, 밤은 껍질을 벗겨 무와 같은 크기로 썬다. 대추는 씨를 빼서 채썰고, 석이버섯은 손질 후 곱게 채썬다.

5 낙지는 손질하여 소금으로 주물러 씻어 3cm 길이로 자른다.

6 마늘, 생강, 새우젓은 잘게 다진다.

7 ②의 물기를 짜서 고춧가루, 설탕으로 버무리고 ④의 배와 ③, ⑤, ⑥을 섞어 양념한다.

8 ①의 배추는 물기를 짜서 작은 그릇에 깔고 ⑦의 버무린 양념을 그 위에 올린다.

9 밤, 대추, 석이버섯, 잣을 보기 좋게 올려 보로 싼 다음 차곡차곡 항아리에 담는다.

Cooking Tip

- 부재료가 가장 많이 들어간 호화로운 김치로 옛날에는 개성의 배추가 좋아 개성에서 많이 먹던 김치이다.

장김치

간장에 절인 배추와 무를 여러 가지 부재료와 섞어 간장으로 양념하여 익힌 물김치이다. 주로 떡을 먹을 때 곁들여 먹는다.

재료 및 분량

- 배추 200g
- 무 ⅙개
- 간장 5큰술

부재료
- 밤 4개
- 미나리 30g
- 파(흰 부분) 30g
- 표고버섯 2장
- 석이버섯 3g
- 마늘 10g
- 생강 5g
- 배 60g
- 잣 ½큰술
- 실고추

김칫국
- 물 5컵
- 설탕 ½ 큰술
- 소금 1⅓큰술

만드는 법

1 배추와 무는 손질하여 씻어서 나박썰기한 후 간장에 절였다가 간장물을 따라내어 끓인 뒤 김칫국에 섞어서 준비한다.

2 밤은 껍질을 벗겨 얇게 저며썰고, 미나리는 잎을 떼어내고 깨끗이 씻어 길이 3cm 정도로 자르고, 파는 손질하여 채썬다.

3 표고버섯과 석이버섯은 물에 불린 후, 표고버섯은 물기를 닦아 채썰고, 석이버섯은 비벼서 깨끗이 씻은 후 가운데 돌기를 떼어내고 물기를 닦아 채썬다.

4 마늘과 생강은 손질하여 씻은 후 얇게 채썬다. 실고추는 길이 2cm 정도로 자르고, 배는 껍질을 벗기고 나박썰기로 썬다.

5 잣은 고깔을 떼고, 면포로 닦는다.

6 간장에 절여진 배추와 무에 손질한 재료를 넣고 버무린다.

7 버무린 김치에 간장국물을 붓고 항아리에 담아 놓는다.

Cooking Tip

- 일반 김치를 담글 때 소금으로 절여서 담그는데 장김치는 간장으로 담근다.
- 잘 삭혀 먹어야 간장 냄새가 나지 않는다.

파김치

쪽파는 음식의 영양가를 높여주고 맛을 좋게 하는 채소로 특색이 있으나, 일반채소가 알칼리성인 데 비해 파는 유황이 많은 산성식품이다. 씹히는 맛과 향이 좋아 양념이나 부재료로 많이 쓰인다.

재료 및 분량

· 쪽파 500g

부재료
· 멸치액젓 ½컵 · 고춧가루 4큰술 · 다진 마늘 1큰술
· 다진 생강 2작은술 · 설탕 ½큰술 · 통깨 1큰술

만드는 법

1 쪽파를 다듬어 깨끗이 씻은 뒤 물기를 제거한다.

2 고춧가루는 멸치액젓에 불려 놓는다.

3 불린 고춧가루에 양념을 넣고 파를 버무린 후 5~6가닥씩 묶어서 김치 용기에 담는다.

 Cooking Tip

· 쪽파는 뿌리 쪽이 굵고 흰 부분이 많으며 길이가 짧은 것이 달고 맛있다.

열무물김치

열무를 소금에 절여 양파, 쪽파, 고추, 생강, 마늘과 함께 버무려 국물을 부어 담근 김치이다. 열무는 '어린 무'를 뜻하는 '여린 무'에서 유래한 것으로 주로 김치를 담가 먹으며 물냉면이나 비빔밥의 재료로도 사용된다.

재료 및 분량
- 열무 300g • 굵은소금 2큰술 • 물 2컵

부재료
- 쪽파 30g • 풋고추 1개 • 홍고추 ½개

찹쌀풀
- 찹쌀가루 3큰술 • 물 ½컵 • 소금 1큰술 • 설탕 ½작은술

양념
- 홍고추 3개 • 양파 ¼개 • 고춧가루 ½작은술
- 다진 마늘 1큰술 • 다진 생강 ½작은술
- 물 5컵 • 소금 2큰술

만드는 법

1 열무는 싱싱하고 연한 것으로 골라 다듬어 4~5cm 길이로 썬다.

2 손질한 열무를 소금에 절인다.

3 쪽파는 다듬어 씻어 5cm 길이로 썰고 풋고추, 홍고추는 얇게 어슷썬다.

4 찹쌀풀과 물을 1:5 비율로 쑤어 설탕, 소금으로 간을 한다.

5 홍고추, 고춧가루, 생강, 마늘은 물과 함께 곱게 갈아 고추양념을 만든다.

6 절인 열무는 씻은 후 물기를 빼고 고추양념과 찹쌀풀을 넣어 버무린 다음 용기에 담는다.

Cooking Tip

- 열무를 절일 때 너무 자주 뒤적거리면 풋내가 나므로 주의해야 한다.

청경채겉절이

청경채는 칼슘, 나트륨 등 각종 미네랄과 비타민 A의 효력을 가진 카로틴이 많아 피부미용에 이롭고 치아와 골격의 발육에 좋다.

재료 및 분량

- 청경채 1kg • 소금(절일 때) 25g • 밤 5개
- 청고추 2개 • 홍고추 1개 • 실파 30g

부재료
- 멸치액젓 ¼컵 • 고춧가루 ½컵 • 다진 마늘 1큰술
- 다진 생강 ⅓작은술 • 설탕 1½큰술 • 물 4큰술
- 찹쌀풀 ½컵(찹쌀가루 ⅓컵 : 물 1컵)
- 깨소금 1큰술 • 참기름 1큰술

만드는 법

1 청경채는 끝을 자르고 길이로 2등분하여 소금에 절인 다음 깨끗이 씻어 소쿠리에 담아 놓는다.

2 찹쌀풀을 쑤어 식혀 놓는다.

3 볼에 양념재료를 섞어 양념장을 만든다.

4 청·홍고추는 어슷썰고 실파는 3cm, 밤은 굵게 채썰어 준다.

5 청경채와 청·홍고추, 실파, 밤을 양념에 버무린 후 참기름과 깨소금으로 마무리한다.

 Cooking Tip

- 미리 만들어둔 양념으로 먹기 직전에 무쳐야 맛있다.

깻잎양배추김치

양배추에 많은 비타민 U라고 불리는 S-메틸 메티오닌이란 물질은 상처난 위점막을 빠르게 회복시켜 준다. 또한 항산화 효능이 우수한 설포라펜이 들어 있어 활성산소를 줄여 노화방지에 좋다.

재료 및 분량

• 깻잎 5묶음 • 양배추 ⅓통 • 소금 3큰술

단촛물

• 설탕 1컵 • 물 1컵 • 식초 1컵 • 소금 ½큰술

만드는 법

1 깻잎은 흐르는 물에 씻어 물기를 뺀다.

2 양배추는 낱낱이 뜯어 소금물에 절인다.

3 절여진 양배추의 두꺼운 줄거리 부분은 칼로 제거한 후 물에 씻어 물기를 뺀다.

4 양배추를 단촛물에 3시간 정도 담가둔다.

5 양배추를 단촛물에서 꺼내 물기를 제거한다.

6 양배추→깻잎→양배추→깻잎→양배추 순서로 한 장씩 포개어 무거운 것으로 누른다.

7 깻잎양배추김치와 단촛물은 따로 저장하여 먹을 때마다 조금씩 끼얹어 먹는다.

 Cooking Tip

• 간단하면서도 개운하고, 아삭아삭 씹는 맛이 일품인 깻잎양배추김치는 여름에 먹는 것이 제격이다.

돌산갓김치

갓에는 항산화물질인 카로티노이드가 풍부하게 함유되어 있어 노화방지에 좋다. 갓은 특유의 맛과 향이 있어 식욕을 돋우며 젓갈이 듬뿍 들어가는 전라도의 대표적인 김치이다.

재료 및 분량

· 돌산갓 500g · 굵은소금 2큰술

양념

· 멸치액젓 4큰술 · 고춧가루 4큰술 · 다진 마늘 1큰술
· 다진 생강 1작은술 · 설탕 ½큰술 · 통깨 2큰술

밀가루풀

· 밀가루 1큰술 · 물 ½컵

만드는 법

1 갓은 싱싱한 것으로 골라 소금에 1~2시간 절인 후 깨끗이 씻어 물기를 뺀다.

2 밀가루풀에 양념을 넣어 고루 버무린 후 4~5줄기씩 말아서 항아리에 꼭꼭 눌러 담는다.

 Cooking Tip

· 여수 앞바다에 있는 돌산갓은 연하고 잎이 넓어 맛있다. 겨울부터 봄까지가 가장 맛이 좋다.
· 갓을 개체라고 하여, 겨울엔 납채, 봄엔 춘재라 한다.
· 갓은 기침을 다스리고 가래를 삭혀 증상을 완화시킨다.

깍두기

무를 네모반듯하게 썰어 담근 깍두기는 임산부가 아기가 반듯하게 자라기를 바라는 마음으로 먹었다고 한다.

재료 및 분량

- 무 1kg • 물 ¼컵 • 굵은소금 2큰술 • 신화당 ⅛작은술

부재료
- 쪽파 50g • 부추 30g

양념
- 멸치액젓 1큰술 • 새우젓 1큰술 • 다진 마늘 1큰술
- 생강 ½작은술 • 설탕 1작은술 • 굵은 고춧가루 ¼컵
- 고운 고춧가루 1큰술 • 찹쌀풀 1큰술 • 건고추 2큰술

만드는 법

1 무를 깨끗이 씻어 먹기 좋은 크기로 깍둑썰기를 한다.

2 물 ¼컵과 소금 2큰술, 신화당을 넣고 2시간 30분~3시간 정도 절인다.

3 건고추는 물과 같이 갈고 쪽파, 부추를 1cm로 잘라 놓는다.

4 찹쌀풀을 쑤고 새우젓은 다진다.

5 볼에 멸치액젓, 새우젓, 마늘, 생강, 설탕, 고춧가루, 찹쌀풀, 건고추 간 것을 모두 섞어 양념을 한다.

6 절인 무는 체에 밭쳐 물기를 빼고 양념과 버무린다.

7 쪽파와 부추도 함께 버무린다.

8 항아리에 꼭꼭 눌러 담는다.

 Cooking Tip

- 깍두기는 모가 나서 양념이 잘 붙지 않으므로 양념과 젓갈은 다져서 넣는 것이 좋다.

알타리김치

어린 무를 잎과 줄기째 절인 후 양념에 버무려 담근 김치이다.

재료 및 분량

- 알타리무 1kg

부재료
- 고춧가루 ½컵 • 다진 마늘 1큰술 • 찹쌀풀 3큰술
- 새우젓 1큰술 • 멸치젓국 2큰술 • 건고추 4개
- 다진 생강 ½작은술 • 설탕 1큰술 • 실파 50g
- 풋고추 3개 • 홍고추 2개

만드는 법

1 알타리무는 겉잎을 떼어내고 깨끗이 다듬어 씻어 소금 2큰술, 물 ¼컵, 신화당 ⅛작은술을 섞은 소금물에 반으로 쪼갠 알타리무를 3~4시간 충분히 절인 다음 씻어서 건진다.

2 마늘, 생강은 다지고 실파는 3cm 길이로 썬다.

3 멸치젓국과 새우젓에 고춧가루를 멍울이 지지 않도록 고루 풀어 찹쌀풀을 섞어 ②를 넣고 양념한다.

4 ③의 양념에 설탕을 넣고 ①을 섞어 가볍게 버무린 뒤 채썬 청·홍고추를 섞어 항아리에 꼭꼭 눌러 담는다.

 Cooking Tip

- 김장 담그기 전에 동치미와 함께 담그는데 김장김치보다 먼저 먹는다.
- 알타리김치를 총각김치라고도 하는데 옛날 총각의 너풀대는 머리와 닮았다고 해서 붙여진 이름이다.

오이소박이

오이소박이는 오이가 제철인 여름에 먹는 김치이다.

재료 및 분량

· 백다대기 오이 1kg · 물 5컵 · 굵은소금 1컵

부재료

· 부추 50g · 쪽파 20g · 다진 마늘 1큰술
· 설탕 ½작은술 · 생강 ½작은술
· 새우젓 2작은술 · 고춧가루 ¼컵

만드는 법

1 오이는 씻지 않고 4cm로 잘라 ⅓ 정도 십
  자로 칼집을 넣는다.

2 3시간 정도 소금물에 절이는데, 뜨지 않게
  무거운 것으로 눌러준다.

3 부추와 쪽파는 송송 썰고 마늘, 설탕, 생강,
  새우젓, 고운 고춧가루를 섞어 속을 만든
  다.

4 오이가 부드러워질 정도로 절인 후 짠맛이
  나지 않게 3번 이상 씻어 물기를 꼭 눌러준
  다.

5 십자로 칼집 낸 오이에 만들어 놓은 양념소
  를 적당히 넣고, 겉은 남아 있는 양념으로
  버무려 항아리에 꼭꼭 눌러 담는다.

 Cooking Tip

· 설탕을 넣으면 오이가 물러져 못 쓴다.
· 오이를 뜨거운 물에 살짝 데쳐 담그면 질감이 아삭아삭해진다.

韓食美學

korean – style food

젓갈

오징어젓갈 • 어리굴젓 • 가자미식해
꽃게장 • 간장게장

오징어젓갈

오징어젓갈은 오징어가 제철인 6~8월경에 담그는 것이 좋다. 오징어는 고단백, 저칼로리 식품으로 건강과 미용에 좋은 식품이다.

재료 및 분량

· 오징어 2마리(몸통만) 500g

부재료
· 멸치액젓 4큰술
· 고춧가루 3큰술
· 물엿 1큰술
· 통깨 1작은술
· 청고추 2개
· 홍고추 1개
· 통마늘 40g

만드는 법

1 물오징어를 손질하여 껍질을 벗겨 굵게 채썬다.

2 물오징어를 멸치액젓에 5시간 정도 절인다.

3 청·홍고추, 통마늘을 어슷하게 썬다.

4 오징어 절인 멸치액젓에 고춧가루와 절인 오징어, 청·홍고추, 통마늘, 통깨를 넣어 버무린다.

5 항아리에 담고 3~4일간 숙성시킨다.

 Cooking Tip

· 멸치액젓 대신 소금으로 절이기도 한다.
· 무는 채썰어 소금에 절여 넣기도 한다.

어리굴젓

굴에는 마그네슘, 망간, 아연, 타우린 등이 포함되어 현대인의 국부적 영양결핍 및 건강회복에 도움을 준다.

재료 및 분량

• 생굴 500g • 대파 50g • 밤 2개

부재료
• 무 30g • 양파 30g • 굴 다듬은 물 3큰술
• 고운 고춧가루 4큰술 • 다진 마늘 2작은술
• 다진 생강 ⅓작은술 • 소금 1작은술 • 설탕 ¼작은술
• 통깨 1작은술

만드는 법

1 굴은 알이 작고 싱싱한 것으로 골라 소금물 (소금 1작은술+물 3컵)에 흔들어 씻어 굴껍질과 잡티를 제거한 다음 굴에 밑소금을 뿌려 놓는다.

2 무와 양파는 믹서에 물(2큰술)을 넣고 곱게 갈아 고춧가루를 푼 후 나머지 양념을 모두 넣고 섞는다.

3 대파는 3cm 크기로 길고 가늘게 채썬다.

4 굴에 ②의 양념과 대파, 통깨를 넣고 부서지지 않도록 잘 버무린다.

 Cooking Tip

• 싱싱한 굴은 살이 오돌오돌하고 통통하며 유백색이고 광택이 나며 눌러보면 탄력이 있다.

가자미식해

기력을 증진시키는 가자미는 단백질이 생선의 평균량인 20%보다 많으며 필수아미노산인 리신이나 트레오닌이 많은 우수한 단백질 식품이다.

재료 및 분량

- 가자미 300g • 소금 1작은술 • 메좁쌀 50g
- 무 50g • 소금 ½작은술

부재료
- 쪽파 20g • 고운 고춧가루 7큰술
- 가라앉힌 엿기름물 70cc(엿기름 ¼컵, 물 ½컵)
- 설탕 1½큰술 • 다진 생강 1작은술 • 다진 마늘 1큰술
- 소금 2½작은술

만드는 법

1 손바닥 크기의 참가자미를 골라 머리, 꼬리, 내장을 제거하고 비늘을 긁어 깨끗이 씻은 후 소금을 뿌린다. 바람이 잘 통하는 서늘한 곳에서 하루 정도 꾸덕꾸덕 말린다.

2 ①을 뼈째 4×0.3cm로 고르게 채썰고, 무도 4×0.3×0.3cm로 썰어 소금에 절인 후 물기를 꼭 짠다.

3 실파는 손질하여 길이 1cm로 잘게 썬다.

4 메조는 씻어서 고슬고슬하게 밥을 짓는다.

5 엿기름은 따뜻한 물 ½컵에 불려 2~3회 비벼 씻은 후 3~4시간 정도 담갔다가 엿기름 웃물만 받아 놓는다. 이것을 10여 분간 끓인 뒤 식혀서 국물을 준비한다.

6 ⑤의 물에 고춧가루와 각종 양념을 섞고 ②, ③, ④를 넣어 고루 버무린 다음 항아리에 꼭꼭 눌러 담는다.

7 ⑥을 실온에 하루 두었다가 냉장고에 보관하고, 다음날부터 바로 먹는다.

 Cooking Tip

- 참가자미는 제일 작고 싱싱한 것으로 고른다.
- 예부터 함경도에서는 가자미식해를 먹어 입맛을 돋우고 추위를 피했다.

꽃게장

양념게장은 한국전쟁이 끝난 후 등장하기 시작하여, 한국 요리 중 염장하여 발효시킨 젓갈류의 음식으로서, 신선한 게를 날로 간장 또는 고춧가루에 절인 음식이다. 게장은 경기도, 경상도, 전라도, 제주도 등 각 지역별로 독특한 형태로 나타난다.

재료 및 분량

• 꽃게 1kg • 굵은소금 10g

부재료

• 청고추 3개 • 홍고추 1개 • 실파 30g

양념장

• 맛간장 4큰술 • 고춧가루 8큰술 • 멸치액젓 ½큰술
• 채썬 생강 3큰술 • 통깨 2큰술 • 물엿 2큰술
• 참기름 1큰술

만드는 법

1 꽃게는 솔로 깨끗이 문지르고, 다리 끝부분과 집게부분을 잘라낸다. 등딱지를 떼어낸 후 입부분과 모래주머니, 아가미를 떼어내고 4등분한다.

2 통에 꽃게를 담고 굵은소금을 뿌린다.

3 양념장을 만든다.

4 청·홍고추는 어슷썰고, 실파는 3cm로 썬다.

5 먹기 직전에 참기름을 넣어 무쳐도 좋다.

 Cooking Tip

• 봄에는 알이 꽉 찬 암꽃게로 게장을 담그는 것이 좋다.
• 가을에는 살이 통통한 수꽃게로 게장을 담그는 것이 좋다.

간장게장

장을 달여 게에 부어서 담근 한국 고유의 젓갈류이며, 반드시 신선한 게로 담가야 한다. 게는 지방이 적고 단백질이 많아서 소화성도 좋고 담백하다.

재료 및 분량

· 게(돌게 또는 꽃게) 1kg

양념장
간장 · 맛간장 2컵 · 맑은장국 ½컵 · 굵은소금 4큰술
국물 4컵 · 물 5컵, 다시마(10×10cm) · 마른 고추 2개
· 통후추 1큰술 · 생강 50g · 마늘 50g · 양파 50g

만드는 법

1 게는 무거운 것으로 골라 깨끗이 손질한다.

2 생강과 마늘은 납작하게 썬다. 양파도 잘게 썰어 냄비에 담고 다시마, 마른 고추, 통후추와 함께 물을 부어 양념 맛이 우러나도록 약한 불에서 20분간 끓여 4컵을 만든다.

3 냄비에 맛간장, 맑은장국, 소금을 섞어 ② 의 끓는 물에 붓고 한 번 끓으면 그대로 식힌다.

4 밀폐용기에 손질한 게를 등딱지가 아래로 향하게 놓고, ③의 식힌 간장을 건더기째 모두 붓는다. 짜지 않은 간장이므로 냉장고에 넣어둔다. 하루 정도 지나면 먹을 수 있으나 이틀째가 맛있다. 이때 국물만 따라내어 다시 끓인 다음 식혀서 붓는다. 게는 한 마리씩 랩에 돌돌 말아 냉동시켜 두면 좋다.

Cooking Tip

· 맛간장은 완전히 식혀서 부어야 한다.

韓食美學

korean – style food

장아찌

통마늘장아찌 • 매실장아찌 • 고추장아찌 • 더덕장아찌
오이지 • 김장아찌 • 양파장아찌 • 깻잎장아찌

통마늘장아찌

마늘장아찌를 담글 때에는 하지(夏至) 전에 수확한 껍질이 연한 마늘이 좋다. 마늘을 먹으면 체력을 증강, 인체의 기관과 세포의 활력을 증진시킨다.

재료 및 분량

• 풋마늘 20통

부재료

-식초물

• 식초 2컵
• 소금 ⅓컵
• 물 10컵

-간장물

• 간장 10컵
• 식초 1컵
• 설탕 1컵

만드는 법

1 마늘의 줄기를 잘라내고 겉껍질을 한 번 벗긴 뒤에 씻어 식초물에 일주일 정도 담가 매운맛을 우려낸다.

2 마늘의 매운맛이 옅어지면 식초물을 버리고 마늘의 물기를 제거한다.

3 분량의 간장물을 잘 섞어둔다.

4 ②의 마늘을 항아리에 넣고 ③의 간장물을 마늘이 잠길 정도로 붓는다.

5 상에 낼 때에는 통째로 썰어 둥근 모양으로 담는다.

 Cooking Tip

• 잎이 연한 통마늘을 준비한다.
• 하얗게 만들려면 마늘을 소금물에 삭혔다가 간장 대신 소금물을 붓는다.

매실장아찌

매실은 6월 상순에서 중순, 장마철 성숙 직전의 약간 노르스름한 것을 선택하는 것이 좋다. 매실은 수분이 약 85%, 당분이 약 10% 정도 함유되어 있으며, 구연산, 사과산, 호박산 등의 유기산이 5%가량 들어 있어 피로회복과 입맛을 돋우는 데 효과가 있다.

재료 및 분량

- 매실 300g

부재료
- 설탕 300g
- 고추장 ½컵

양념
- 참기름 ½작은술
- 깨소금 ½작은술

만드는 법

1 매실은 맑은 물에 흔들어서 여러 번 씻은 다음 체반에 담아 물기를 제거한다.

2 서늘한 곳에서 수분을 날려준 후 꼭지부분을 제거한다.

3 매실을 5~6등분하여 매실과 설탕을 1 : 1 비율로 섞는다.

4 소독해서 잘 말린 유리병에 담아 천으로 입구를 막아준다.

5 열흘이 지나면 바닥에 깔려 있는 설탕과 덮여 있는 설탕을 주걱으로 저어 서늘한 곳에서 숙성시킨다.

6 20~30일 숙성된 매실은 꺼내서 무쳐 먹는다. 매실액을 따로 분리한다.

 Cooking Tip
- 매실은 청매실로 흠집이 없고 단단한 것으로 고른다.
- 매실의 꼭지부분은 쓴맛을 내므로 제거하여 준다.
- 매실을 소금물에 담갔다가 쪼개면 씨가 더욱 잘 제거된다.
- 설탕이 모자라거나 물이 들어가면 부패의 원인이 된다.

고추장아찌

소금물에 삭힌 풋고추를 간장에 절여 만든 장아찌이다. 고추의 매운맛은 기운을 발산하는 성향이 있어 마음속에 고여 있는 우울함을 해소시키는 역할을 한다.

재료 및 분량

- 풋고추 1kg

부재료

- 간장 2컵 • 식초 ⅔컵 • 설탕 1컵 • 소주 ½컵 • 물 2컵
- 굵은소금 1큰술

만드는 법

1 풋고추는 초가을의 맵지 않고 껍질이 연한 것으로 선택하여 깨끗이 씻어 건진다.

2 고추의 꼭지 쪽에 바늘구멍을 2~3개 내어 둔다.

3 간장, 설탕, 식초, 소주, 물, 소금을 넣고 한소끔 끓여 식힌 다음 항아리에 붓고 고추가 떠오르지 않게 돌로 눌러 놓는다.

4 3~4일이 지나면 간장만 따라내어 끓여 식힌 뒤 다시 고추 담은 항아리에 붓는다.

Cooking Tip

- 고추를 소금물에 2주일 정도 삭힌 다음 양념장을 부어 익히기도 한다.

더덕장아찌

고추장에 박아둔 더덕에 간이 배면 꺼내서 쭉쭉 갈라 찢어 참기름, 깨소금, 설탕 등을 넣고 고루 무친 장아찌이다. 더덕은 사포닌성분을 함유하고 있으며 인과 티아민, 리보플라빈, 단백질 등의 성분을 많이 함유하고 있어 암과 성인병 예방효과가 있다.

재료 및 분량

· 더덕 300g · 고추장 500g

부재료
· 설탕 1작은술 · 다진 파 1작은술
· 다진 마늘 ½작은술
· 깨소금 1작은술 · 참기름 1큰술

만드는 법

1 더덕은 껍질을 깨끗이 벗겨 소금물에 담가서 떫은맛을 우려낸다.

2 우려낸 더덕을 방망이로 자근자근 두드린 다음 물기를 없애고 꾸덕꾸덕 말린다.

3 더덕을 항아리에 넣고 고추장을 그 위에 얹어 꼭꼭 담는다.

4 10일 정도 지나면 더덕장아찌를 꺼내서 먹기 좋게 찢어 놓는다.

5 더덕에 다진 파, 마늘, 설탕, 깨, 참기름을 넣고 무친다.

 Cooking Tip

· 더덕은 말려서 가루를 만들어 타서 마시기도 한다.
· 무쳐 먹을 때 설탕 대신 매실 엑기스를 넣어도 좋다.

오이지

삼복더위나 장마철에 대비하여 예전부터 짭짤하게 담가서 시거나 상하지 않게 했던 저장식품이다. 오이는 찬 성질이라 열을 내리므로 인후염과 편도선염에 좋다.

재료 및 분량

• 백다대기 오이 1kg • 소금 1컵 • 물 15컵

부재료

• 양파 100g • 마늘 30g • 건고추 3개

만드는 법

1 오이는 깨끗이 씻어 항아리에 차곡차곡 담는다.

2 양파, 마늘, 건고추는 큼직하게 썰어 준비한다.

3 적량의 소금물을 만든 후 끓여 ①에 붓고 돌로 누른다.

4 ②의 채소를 ③에 넣는다.

5 뚜껑을 덮어 밀봉하여 하루는 실온에서 보관한다.

6 ⑤를 냉장고에 넣어 필요할 때마다 썰어 무치거나 물김치로 먹는다.

Cooking Tip

• 소금물은 잠길 정도면 되나 공기 중에 오이가 노출되면 물러질 염려가 있으므로 재료무게의 1.5~2배 정도의 소금물이 필요하다.

김장아찌

김을 간장에 담가 먹는 장아찌이다. 추운 겨울에 나는 김으로 만들어 이른 봄에 먹는다. 김에는 비타민과 난백질이 다량 함유되어 있다. 김의 맛을 내는 성분으로는 핵산인 이노신산, 알라닌 등이 복합되어 있다.

재료 및 분량

• 김 10장

부재료

• 밤 1개 • 대추 2개 • 생강 ½개 • 대파 ⅓대 • 실고추

조림장

• 간장 ½컵 • 물엿 ⅔컵 • 멸치국물 ¼컵 • 마늘 1개
• 건고추 1개 • 통후추 10알

만드는 법

1 김밥용 김은 10장씩 겹쳐 8등분한다.

2 냄비에 분량의 재료를 넣고 조림장을 끓여 국물이 반으로 졸면 마늘, 건고추와 통후추를 빼고 식힌다.

3 밤, 대추, 생강, 대파는 곱게 채썰고 실고추는 짧게 자른다.

4 준비된 고명을 조림장에 넣고 김에 천천히 붓는다.

 Cooking Tip

• 김 100g에 들어 있는 식이섬유의 함유량은 귤의 30배, 양배추의 10배에 달한다.

양파장아찌

5월 전에 수확한 햇양파를 이용하는 것이 가장 맛이 좋으며, 양파는 간장의 해독기능을 강화하기 때문에 임신중독, 약물중독, 알레르기에 좋다.

재료 및 분량

• 햇양파(小) 10개

부재료

• 간장 1½컵 • 설탕 1½컵 • 식초 1½컵 • 청주 ½컵
• 물 1ℓ

만드는 법

1 양파는 작은 것으로 골라 껍질을 제거하고 씻어 약간 건조시킨다.

2 보관용 용기에 양파를 넣는다.

3 식초를 제외한 간장, 설탕, 물, 청주를 넣고 끓인 후 식초를 넣어 끓으면 양파에 붓고 2~3일이 지나면 양파장아찌 간장물을 한 번 끓여 다시 용기에 부어 보관한다.

 Cooking Tip

• 양파장아찌를 담글 때 풋고추를 같이 담가 먹기도 한다.
• 장기보관 시 2회 이상 장물을 끓여 식혀 붓는다.
• 자른 양파는 통양파보다 빨리 먹을 수 있다.

깻잎장아찌

깻잎은 비타민 A가 다량 함유되어 있어 노화방지 및 피부미용에 좋으며, 여름철 체력이 떨어질 때 기운을 내게 하는 역할과 떨어진 입맛을 돋우기도 한다. 특히 깻잎에는 피부 주름 생성 억제물질이 많이 함유되어 있어 피부미용에 좋다.

재료 및 분량

• 깻잎 50장

양념장

• 멸치액젓 3큰술 • 간장 2큰술 • 고춧가루 2큰술
• 다진 파 2큰술 • 마늘채 2알 • 생강채 ½쪽
• 깨소금 2작은술 • 물엿 2큰술
• 실고추 3g • 들기름 1큰술

만드는 법

1 깻잎은 줄기를 1cm 정도만 남기고 잘라낸 후 깨끗이 씻어서 물기를 제거한다.

2 양념을 모두 섞은 후 깻잎에 바른다.

3 실고추를 얹고 냄비에 중탕으로 6분 정도 찐다.

Cooking Tip

• 양념이 짤 경우 깻잎을 2~3장씩 겹쳐서 양념을 바른다.

참고문헌

• 강인희, 한국식생활사, 삼영사, 1998.

• 강인희, 한국의 떡과 과줄, 대한교과서(주), 2001.

• 강인희, 한국의 맛, 대한교과서(주), 1993.

• 강인희 외 지음, 한국의 상차림, 도서출판효일, 1999.

• 김매순, 열양세시기, 1819(순조 19년).

• 김상보, 조선왕조 궁중연회식 의궤음식의 실제, 수학사, 2004.

• 김상보, 조선왕조 궁중음식, 수학사, 2004.

• 김상보, 한국의 음식생활문화사, 광문각, 1999.

• 김은실, 식품가공학, 문지사, 2000.

• (사)한국전통음식연구소 지음, 아름다운 한국음식 300선, 도서출판질시루, 2008.

• 신미혜, 양념공식요리법, 세종서적, 1999.

• 유득공, 경도잡지, 1700년대 말.

• 유애령, 식문화의 뿌리를 찾아서, 교보문고, 1997.

• 윤서석, 한국식품문화사, 신광출판사, 1997.

• 윤서석, 한국음식대관 1 한국음식의 개관, 한국문화재보호재단, 1997.

• 윤숙자, 한국의 시절식, 지구문화사, 2000.

• 윤숙자, 한국저장발효음식, 신광출판사, 1997.

• 이성우, 식생활과 문화, 수학사, 1997.

• 이성우, 한국식생활의 역사, 수학사, 1994.

• 이성우, 한국식품문화사, 교문사, 1997.

• 이효지, 한국의 음식문화, 신광출판사, 1998.

• 최은희 외 지음, 발효음식의 미학, 백산출판사, 2015.

• 최은희 외 지음, 한국음식의 이해, 백산출판사, 2012.

• 한국조리학회 편, 조리용어사전, 도서출판효일, 2001.

• 한복려, 집에서 만드는 궁중음식, 청림출판, 2004.

• 한복려·정길자, 조선왕조 궁중음식, 궁중음식연구원, 2003.

• 황혜성, 조선왕조 궁중음식, 궁중음식연구원, 1998.

• 황혜성·한복진, 한국음식대관, 제6권, 한국문화재보호재단, 1997.

저자 소개

최은희
세종대학교 조리외식학 박사, 수원과학대학교 글로벌한식조리과 교수

최수남
세종대학교 외식조리학 박사, 수원과학대학교 글로벌한식조리과 교수

고승혜
세종대학교 조리학 박사, 청강문화산업대학 푸드스쿨 교수

한경순
단국대학교 식품학 박사과정, 수원과학대학교 글로벌한식조리과 교수

이형근
상명대학교 외식영양학과 박사과정, 한국호텔관광실용전문학교 교수

김혜주
세종대학교 외식조리학 석사 수료, 수원과학대학교 글로벌한식조리과 교수

황현주
세종대학교 외식조리학 박사 수료, 우송정보대학 외식조리학과 교수

저자와의
합의하에
인지첩부
생략

한식의 미학

2017년 8월 25일 초판 1쇄 발행
2019년 3월 10일 초판 2쇄 발행

지은이 최은희 · 최수남 · 고승혜 · 한경순
　　　　 이형근 · 김혜주 · 황현주
펴낸이 진욱상
펴낸곳 (주)백산출판사
교　정 편집부
본문디자인 오정은
표지디자인 오정은

등　록 2017년 5월 29일 제406-2017-000058호
주　소 경기도 파주시 회동길 370(백산빌딩 3층)
전　화 02-914-1621(代)
팩　스 031-955-9911
이메일 edit@ibaeksan.kr
홈페이지 www.ibaeksan.kr

ISBN 979-11-961261-3-1
값 32,000원